U0158021

150 BEST TINY SPACE IDEAS

150种把小户型越住越大的设计创意

[西] 弗朗西斯克·萨莫拉·摩拉 / 著　　叶斯佳 / 译

科学技术文献出版社
SCIENTIFIC AND TECHNICAL DOCUMENTATION PRESS
·北京·

图书在版编目(CIP)数据

150种把小户型越住越大的设计创意 /(西)弗朗西斯克·萨莫拉·摩拉著;叶斯佳译.—北京:科学技术文献出版社,2022.9

书名原文:150 BEST TINY SPACE IDEAS

ISBN 978-7-5189-9463-2

Ⅰ.①1… Ⅱ.①弗…②叶… Ⅲ.①住宅—室内装饰设计 Ⅳ.①TU241

中国版本图书馆CIP数据核字(2022)第145834号

著作权合同登记号 图字:01-2022-3798

150种把小户型越住越大的设计创意

策划编辑:王黛君　责任编辑:吕海茹　责任校对:王瑞瑞　责任出版:张志平

出 版 者　科学技术文献出版社
地　　址　北京市复兴路15号　邮编100038
编 务 部　(010)58882938,58882087(传真)
发 行 部　(010)58882868,58882870(传真)
邮 购 部　(010)58882873
官方网址　www.stdp.com.cn
发 行 者　科学技术文献出版社发行　全国各地新华书店经销
印 刷 者　艺堂印刷(天津)有限公司
版　　次　2022年9月第1版　2022年9月第1次印刷
开　　本　787×1230　1/24
字　　数　147千
印　　张　30
书　　号　ISBN 978-7-5189-9463-2
定　　价　259.00元

前言

本书中的小房子面积为 13 ～ 47 m^2，有些位于城市，有些则建造在乡村。在城市环境中，人们支持一种充分享受城市各种便利设施，并促进城市中心社区建设的生活方式。而建造在自然环境中的住宅，又往往能满足人们对简单生活的渴望，远离城市的喧嚣，消除感官的过度刺激，摆脱使他们与主流价值观脱节的力量。由于地理位置不同，产生的想法也大相径庭，因此两种类型的空间从“小房子运动”中应运而生。

“小房子运动”是一场全球性的建筑和社会运动，倡导人们在小空间里过上更简单的生活，力图解决城市空间不足和经济适用房短缺的问题。城市规划局正在重新修订分区法规，鼓励城市增加空间密度，并促进对附属住宅单元[1]（accessory dwelling units）ADUs 和微型公寓等微小空间的创造性使用。开发这种微型住房可能是为新一代市民提供经济适用房的另一种方式，这类人无意拥有一栋附带双车位车库的大房子，而对城市的生活方式更感兴趣。

一间小房子的平均面积约为 28 m^2，这大约是一个车库的大小。听起来是不是有些狭小？本书将要介绍的这些案例足以证明小房子并非我们想象中的那样糟糕。

创建 LE_2（见 13 ～ 21 页）的设计开发公司“编辑生活（LifeEdited）”的所有者和创始人格雷厄姆·希尔（Graham Hill）观察到，“我们本能地渴望简单的生活，希望拥有高质量的居住体验和人际关系，以及足够的财产。空间越小，生活就越容易管理。”我们的生活方式正随着人口结构变化的节奏而逐渐改变。这些改变将不断带来各种有趣的空间利用方式，特别是在人口较为密集的城市社区。迈克尔·K·陈建筑事务所（Michael K Chen Architecture）的迈克尔·陈（见 137 ～ 147 页“变形金刚”）说：“随

1　附属住宅单元：指拥有独立屋的居民合法地在自家的土地上加建、改建的房屋，面积最多可达 111 m^2。

着城市变得更加密集，对于追求良好的城市生活而言，用创造性方法为小空间进行设计变得越来越重要。”

与此同时，推动市民缩小居住规模并注重高品质生活方式的力量，也促使人们从建造到环境影响等多重角度来思考景观中的建筑。英国设计公司“走出山谷（Out of the Valley）”的鲁伯特·麦凯尔维（Rupert McKelvie，见 299～305 页“橡木小屋”）认为：“小型简单住宅的流行，反映了许多在城市中过着忙碌生活的人渴望逃避现实的诉求。小木屋为居住者提供了能够简朴生活并使他们重拾简单、快乐的空间。”

无论是在城市还是在野外，“小房子运动”一直在鼓励创意设计。多功能的家具往往是使小空间发挥作用的关键。作为极简生活的实操，书中的一些设计案例实现了对空间的绝妙利用，其他的一些案例则展示了复杂的多功能元素。新技术极大地促进了节省空间方案的解决，包括可以根据不同需求变换空间的可变形家具和滑动墙。这些令人惊叹的解决方案使小空间成为非常理想的住所，并证明了在小空间居住并不需要放弃舒适体验。

“小房子运动”通过《小屋王国》（*Tiny House Nation*）等节目受到了媒体的广泛报道。在该节目中，主持人在北美四处寻访，找到了小型住宅以及它们的创意设计所有者。

毋庸置疑，随着人口结构的不断变化，小空间将越来越受欢迎，同时为合住等其他居住形式铺平了道路。

CONTENTS 目录

微型公寓

3 卡梅尔广场
13 LE_2公寓
23 枢纽公寓
33 五合一公寓
43 小公寓
57 里维埃拉海滨小屋
65 仿凡尔赛宫
75 情侣爱巢
81 达令赫斯特公寓
89 纳米寓所
97 布雷拉公寓
105 天窗阁楼
113 威尼斯微型公寓
121 巴兹利翁公寓
129 节省空间的室内设计
137 变形金刚
149 鞋盒
155 Mini-Me
161 微型城市
171 紧凑型公寓
177 Type Street公寓
189 小即是大
195 XS号小屋
205 拉图尔内特
213 空间是一种奢侈吗?
223 蒙托格伊公寓
231 娃娃屋
241 142工作室

小户型隐居圣地

255 维京海滨避暑别墅
261 布鲁尼岛的世外桃源
273 克纳普胡勒
283 卡尔皮内托山间小屋
289 瑟索湾爱情小屋
299 橡木小屋
307 因弗内斯浴室房
313 PV小屋
321 红沙小屋
329 科罗拉多OB学校建造的微型小屋
345 小木屋
351 柯多木屋
359 克莱恩A_{45}
367 原点树屋酒店
379 GCP木屋酒店
393 杜伯尔多姆26号小屋
401 杜伯尔多姆船屋
413 莱特酒店
423 弗洛普豪泽酒店
435 阿拉贝拉CABN
441 科妮莉亚小屋
451 克恩斯微型屋
457 普鲁斯小屋
463 哈里特湖阁楼

470 **地址簿**

HUNTER'S DREAM ESTATE

Tiny Apartments
微型公寓

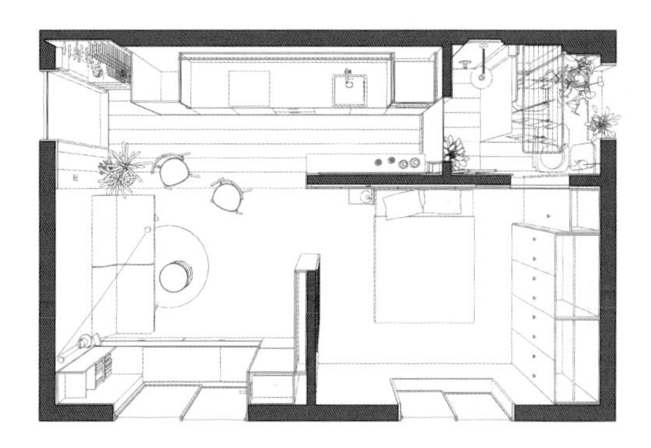

STATEWIDE

卡梅尔广场是“我的微纽约（MY MICRO NY）”的项目成果，它是布鲁克林区的 nARCHITECTS 建筑设计事务所和开发商 Monadnock Development 在 2012 年纽约市“微单元公寓楼设计竞赛（adAPT NYC）”中的获胜作品。作为前市长布隆伯格政府的“新住房市场计划”的其中一部分，它的推出旨在满足该市日益增长的小家庭人口需求。卡梅尔广场是纽约市首批微型单元公寓楼之一，也是首批使用模块化结构的多单元建筑之一。它由 65 个独立的自支撑钢框架预制模块统一运输后再堆叠而成，其中 55 个作为微型单元住宅的组件，其余 10 个作为整个建筑的公共区域。

Carmel Place

卡梅尔广场

24 ～ 33 m^2

nARCHITECTS

美国纽约州纽约市

© 伊万·班和巴勃罗·恩里克斯

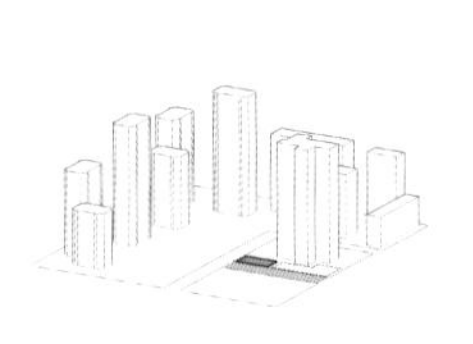

我们的社区
1个行政区，
1个社区，1条街道，
1座卡梅尔山广场。

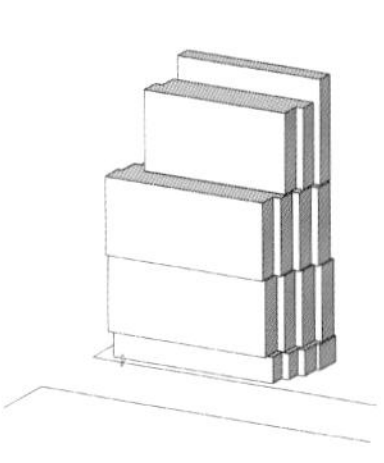

我们的微型塔楼
55套单元房，
4座塔楼，10层，
1个社区。

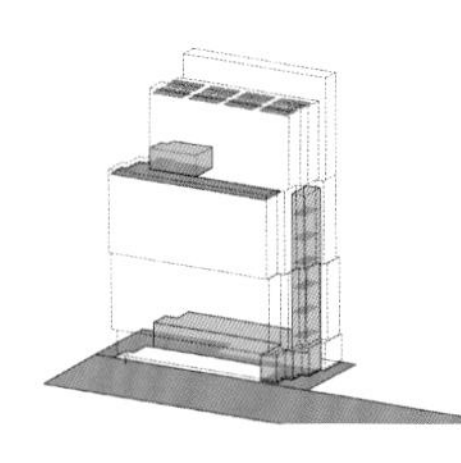

我们的共享空间
328 m^2 的外部空间，
508 m^2 的内部设施，
1张门禁卡。

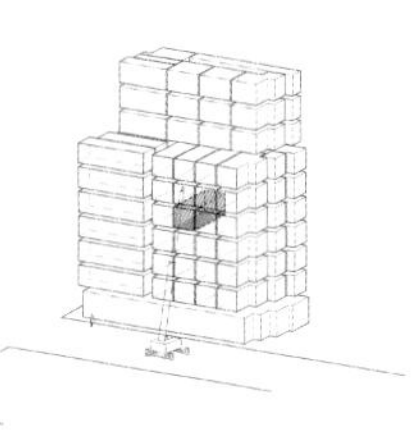

我们的微型组件
65个预制模块，
用5周的时间搭建起来。

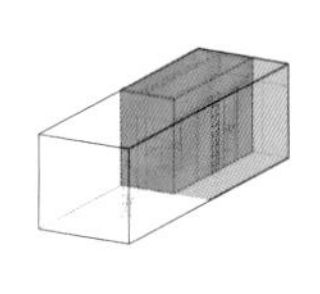

我的微型单元房
平均27 m^2，
2片区域，
1个家庭。

卡梅尔广场图示的嵌套比例

美国部分城市单人家庭所占百分比

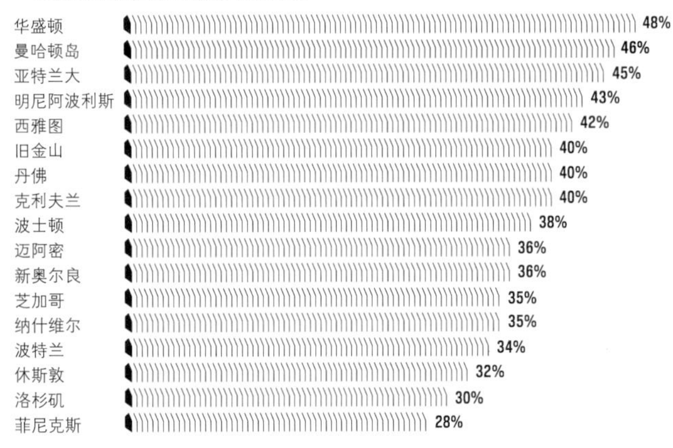

全球部分城市单人家庭所占百分比

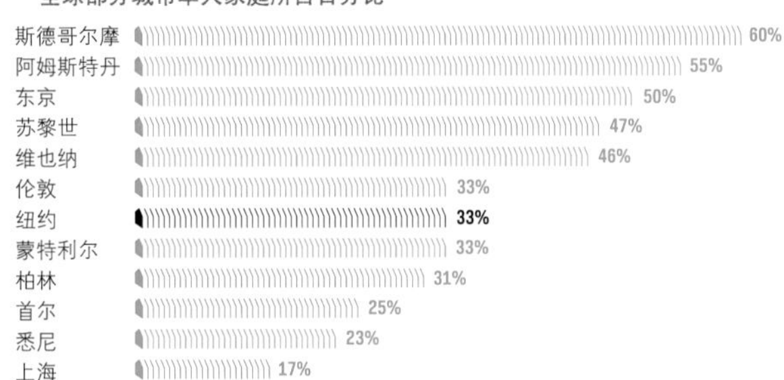

作为城市天际线的一个缩影，该建筑有4座细长的“迷你塔楼”，使微型生活的概念与建筑形式及特征相融合。设计师的目标是为小家庭提供一个新的社会框架，强调社区的嵌套体系，而不是居民个体。

公共设施分散在整栋建筑内，鼓励住户与邻居互动交流。该建筑的大堂作为室内通道，是一个包含休息室的弹性空间。在地下室，住户可以使用书房、储藏室、自行车停放区和洗衣房；而在8楼，一个带有茶水间的社区活动室通向公共屋顶露台，人们可以在露台观赏风景，城市景观一览无余。

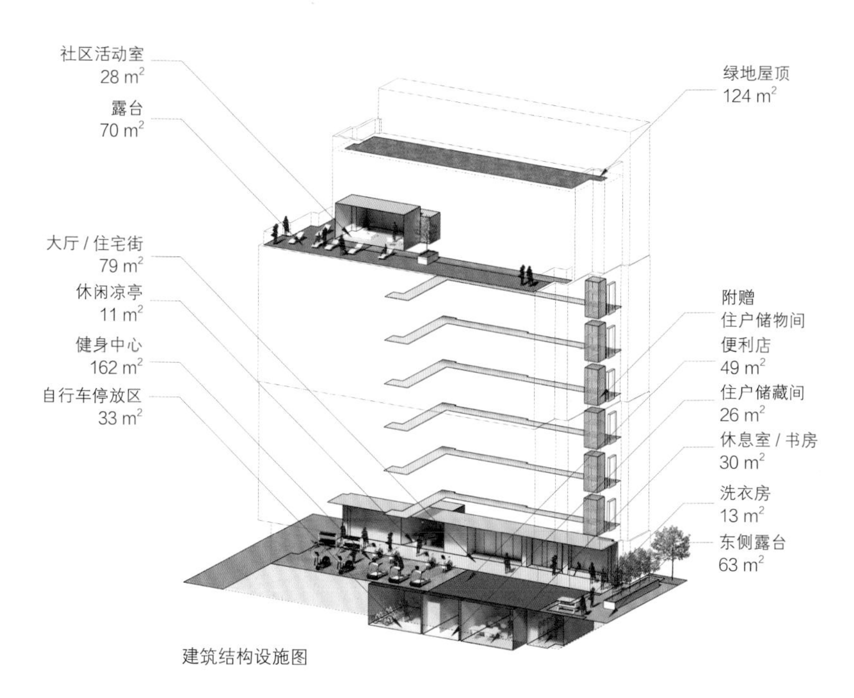

建筑结构设施图

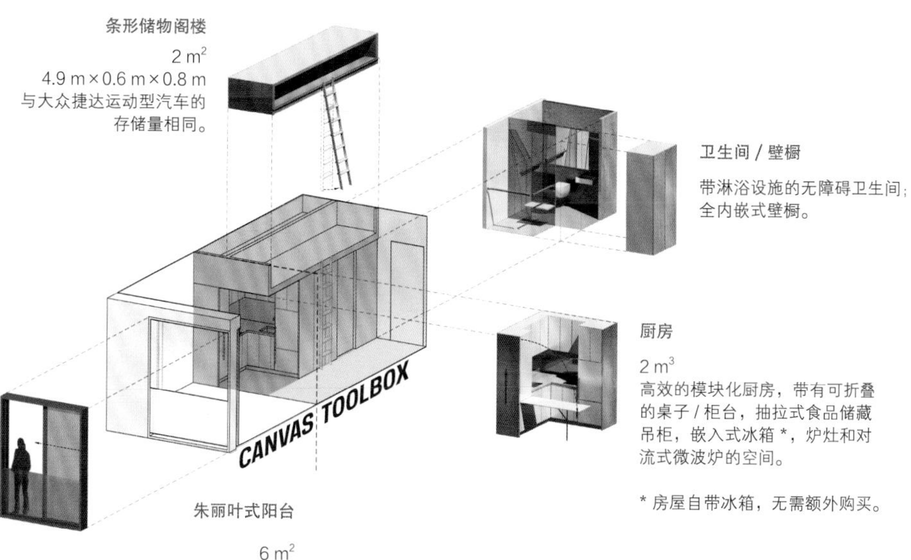

单元房结构设施图

3 m 宽的“塔楼”反映了建筑设计师的意图，即弘扬小空间之美，为小家庭提供新的社会框架，而不是在外观上突出单套微型单元房。设计师参考了纽约市 19 世纪褐石建筑的结构比例，在公寓、走廊和楼梯上安装了 2 m 高的窗户。

建筑剖面图

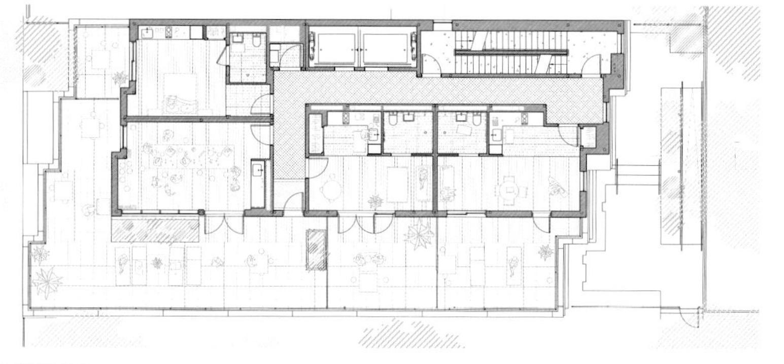

8 楼平面图

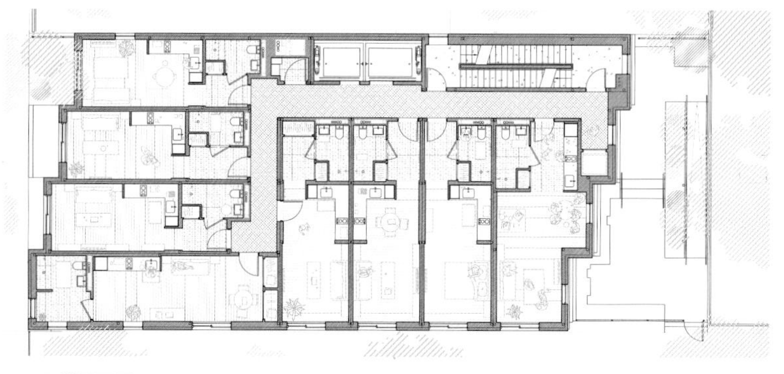

2～7 楼平面图

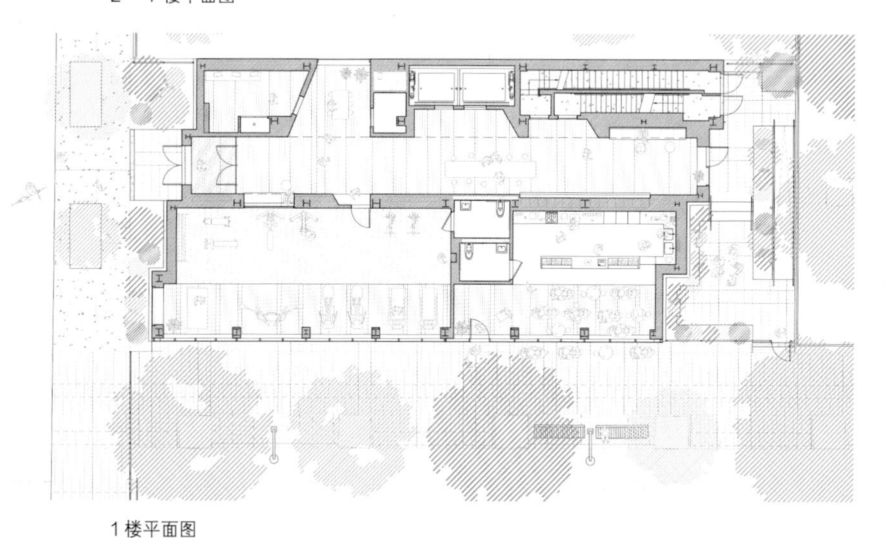

1 楼平面图

该建筑的 5 套基本微型单元房类型在尺寸和布局上都各不相同，扩大了住户的选择范围。55 套出租单元中的 40%(22 套) 被指定为经济适用房，其中 8 套是 section 8[1] 住房，专门为无家可归的美国退伍军人保留。其余的单元 (33 套) 以市场价出租，其中家具费和服务费占房租的一半，而且每个单元房在未来都可以进行改造升级。

1 section 8：针对当地低收入群体，也就是年收入达不到平均收入一半的人，政府通过专业的审核之后发放相关证明。该群体可以凭借证明租住 section 8 的房屋，租客无需支付租金，费用由政府负责。

nARCHITECTS 建筑设计事务所对单元房的室内设计目标是在缩小居住面积的同时，扩大空间感，提高空间利用率。3 m 高的天花板使其体积接近或超过 37 m^2 的普通公寓，最大限度地提高了空间的感知体积。

001

不论大户型还是小户型，充足的储物空间都是每个家庭的首要需求。在小户型中，如何井然有序地储物是一个需要额外关注的问题。定制橱柜通常是最好的选择，虽然它们比成品橱柜更贵，但能最大限度地利用可用空间，使花费物有所值。

002

公寓中的多功能墨菲床，可以在一瞬间将客厅变成卧室，反之亦然。

003

集成橱柜和折叠式家具可以有效节省空间，优化厨房的功能，创造了能适应不同用途的空间。

LE$_2$ 公寓是企业家格雷厄姆・希尔的 SoHo[1] 工作室。编辑生活（LifeEdited）是一家专门从事空间改造的房地产开发和设计咨询公司，LE$_2$ 公寓与其前身 LE$_1$ 公寓一样，都是格雷厄姆的公司的产品。不过格雷厄姆・希尔的设计理念远远超出了家居设计。他认为，小空间经济实用，能为人们带来高质量的生活氛围和情感体验。他一直致力于为住户打造简洁舒适的住宅。他从设计 LE$_1$ 公寓的初次经验中吸取教训，把 LE$_2$ 公寓描述为“一间几乎没有配备生活设施的实验室”，一间被设计成“变换空间系列”的小房子。

LE2 Apartment

LE$_2$ 公寓

33 m^2

格雷厄姆·希尔 / 编辑生活

Graham Hill/LifeEdited

美国纽约州纽约市

© 克里斯多夫・特斯塔尼

1 SoHo：Small Office，Home Office 的简称，意思是居家办公，一般指自由职业者。

LE_2 公寓融入了现代新兴技术，如家庭自动化设备。英仕迪恩（Insteon）智能开关控制所有的灯具和风扇，前门的八月（August）智能门锁可以通过智能手机控制。

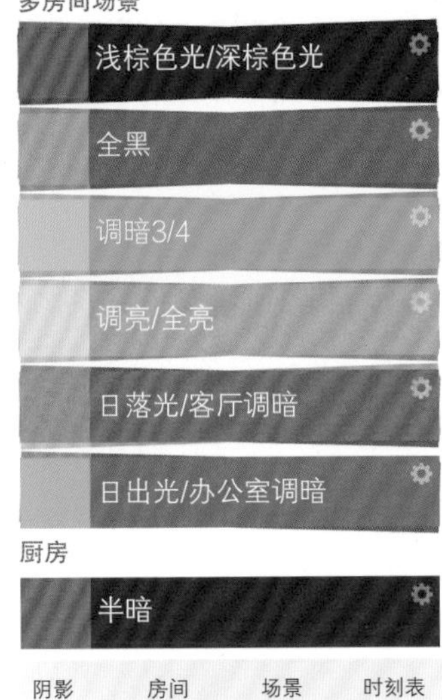

智能控制

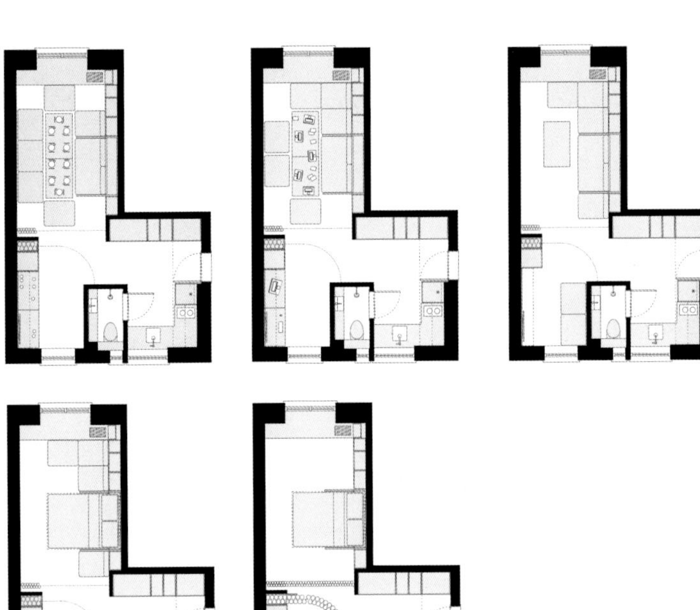

客厅、餐厅、
家庭办公室布局

卧室布局

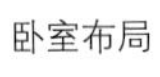

大部分家具都是从美国家具采购商“资源家具（Resource Furniture）”购买的，包括意大利家具品牌 Clei 的佩内洛普墨菲床和可伸缩桌腿的帕索桌。帕索桌可以将桌子从咖啡桌的高度抬高到用餐高度；当佩内洛普墨菲床折叠到墙内时，就会出现一张完整的沙发。配套家具组件包括两个嵌入式床头柜和翻转式置物架。

004

折叠门通常用于会议室等需要灵活划分的室内空间，在住宅环境中相对用得较少。它具备了石膏板隔墙的隔音和隔热效果，同时还具备石膏板隔墙没有的优点——不需要的时候可以折叠起来。

办公室可以变成一间客卧，编辑生活设计的座椅组合可以拼成一张双人床或大号床。这很符合格雷厄姆希望创造出一个成本低、耐用性强的灵活空间的愿望。

005

在围绕紧凑型家电设计高效模块化厨房的同时，使用成品橱柜不仅可以降低成本，还能达到理想的空间利用率。

006

淋浴和抽水马桶技术的创新，将卫生间带入了一个节能的新时代，可以调节水流量和温度的开关只是其中的一个范例。最初购买这些设施的成本可能很高，但从长远来看，节省下来的金钱和时间会让人感到物超所值。

FRANNY'S
SIMPLE SEASONAL ITALIAN

为了给在都市生活的人们打造一种灵活、稳定，同时还能带来新鲜刺激感的新型空间，枢纽（Pivot）公寓重新定义了工作室的设计理念。这套公寓是由传统单室公寓演变而来，在这里，一间单人房就能实现休息、社交和用餐等功能。这套公寓的设计灵感来源于瑞士军刀，它像一个非常简单的避风港，第一眼看去没有任何配套设施，但在任何时候，它都可以根据需求扩展出不同的功能，在强调开放性的同时，也增加了功能性。该设计项目要求在这套 37 m^2 的普通公寓内，为喜欢家庭聚餐的住户提供能够容纳 10 个人的就餐空间，6 个人的睡眠空间，一间家庭办公室、一间私人书房和一间高效厨房。

Pivot Apartment

枢纽公寓

37 m^2

建筑工房

Architecture Workshop

⚲ 美国纽约州纽约市

© 罗伯特·加纳

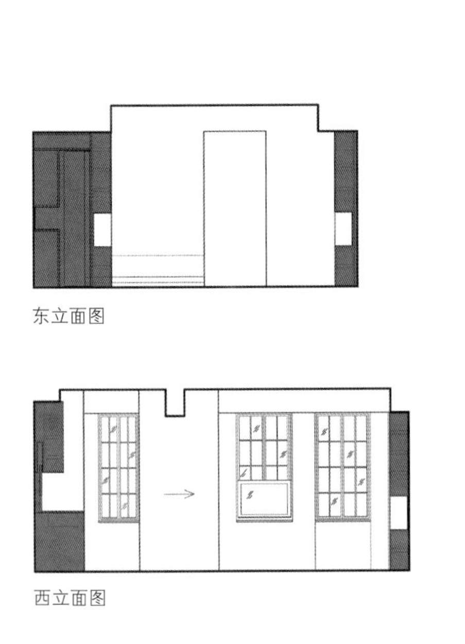

东立面图

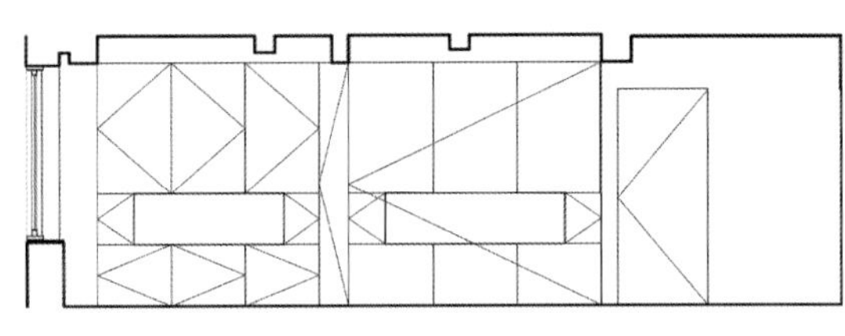

北立面图

西立面图

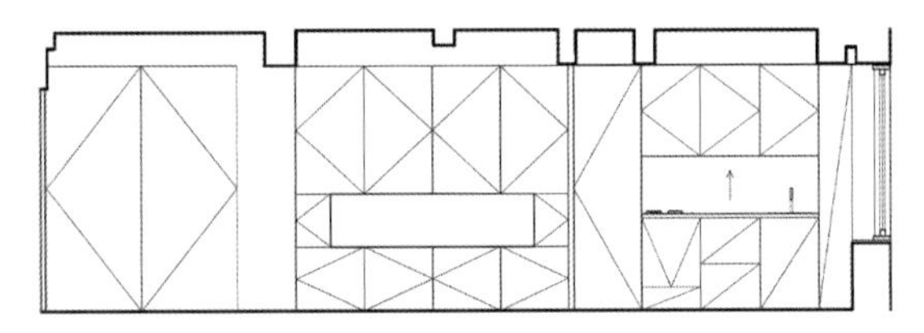

南立面图

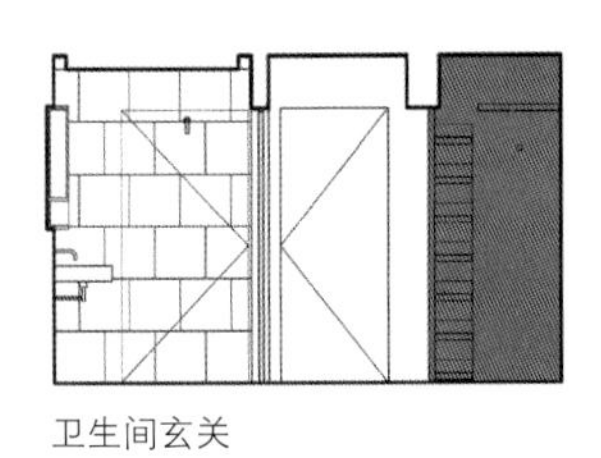

卫生间玄关

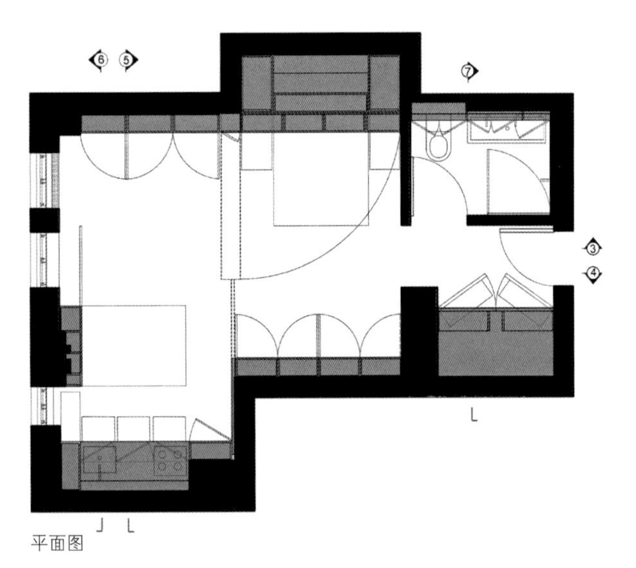

平面图

厨房设有一个推拉挡板，拉开后会露出后面的储物空间。液压折叠升降桌可用于工作，它设有一个调节按钮，按下可以将桌面的折叠部分抬起，拓宽了厨房的台面空间。

007

折叠桌是狭小空间的完美选择。对于那些喜欢招待亲友但又没有足够空间的人来说，这些桌子极具吸引力。

从封闭式卧室到大餐厅，再到独立的客房和私人书房，不同的区域针对其具体用途进行了优化。

008

沙发床展开后，客厅就能变成舒适的客房，暂时改变了小房子的住房容量。

009

移动隔断墙发挥着神奇的空间魔力，灵活的布局可以适应不同功能。

010

购买多用途橱柜是大势所趋，它模糊了建筑和家具之间的区别，在小空间里实现了多功能无缝衔接。

从旋转墙中可以拉下一张置有骨科床垫的墨菲床，附带提供电源和照明的壁龛。床的两侧各有一个壁橱，配有下拉杆和抽屉，为住户提供了宽敞的壁橱空间。

5:1 Apartment

五合一公寓

36 m^2

迈克尔 · K · 陈建筑事务所

Michael K Chen Architecture / MKCA

⚲ 美国纽约州纽约市

© 艾伦 · 坦西

在曼哈顿格拉梅西公园附近的一栋 20 世纪 20 年代的合作公寓里，一套老旧的公寓被改造成一个功能强大的城市微型住宅，这个小空间囊括了生活所需的社交、工作、娱乐等功能。迈克尔 · K · 陈建筑事务所利用其在小型住宅空间的设计改造经验，创造了一个对人体工程学、空间节奏敏感的复杂生活环境。所有的空间和家具都可以按照昼夜生活习惯来布置，优化它们的功能与动线，有利于建筑面积的合理利用。

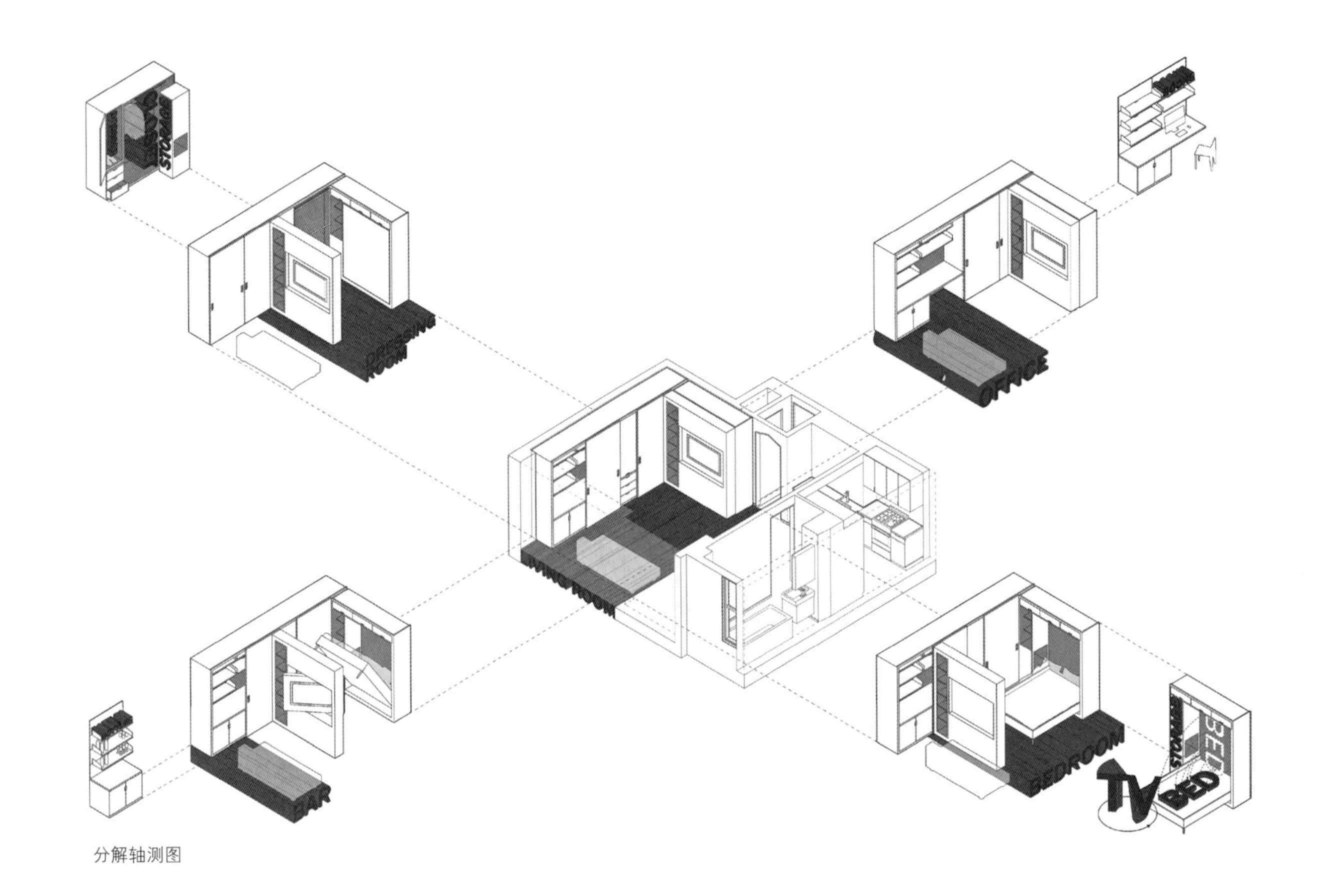

分解轴测图

安有电动滑轨的储物空间可以根据需要，在房间的两侧来回移动，在公寓内创建出几个不同的区域，涵盖客厅、家庭办公室、厨房、带衣帽间的卧室和卫生间。

011

客厅的一小部分区域可以用作家庭办公室。有时不需要移动家具就可以实现空间转换。

高度复杂的移动硬件实现了空间转换，
满足了日常生活功能和需求。

012

改变空间的布局以适应不同的功能是一个有条不紊的过程，而移动部件就能极大地改变空间布局——根据需要只露出空间的一部分区域，同时隐藏另一部分。为了方便使用，空间的某一部分可能会占用相邻区域。

013

厨房和卫生间的功能很特殊，涉及管道和设备，它们是家中灵活性最低的两个空间。

为了拥有更多的操作空间，设计师对厨房进行了扩建。新的厨房采用了极简风设计，配备了白色的整体橱柜和宽敞的储物空间。在整间公寓所有橱柜上方的凹槽中都安装了 LED 灯，并在原有横梁的底部增添了照明挡板。

原有的卫生间被彻底翻新，增加了一个干衣橱柜，并安装了新的内藏式滑门。

Apartment

小公寓

22 m²

小设计

A Little Design

中国

© Hey! Cheese 工作室

“小设计”公司通过改造现有公寓，来解决在同一屋檐下居住多人的问题。建筑设计师和委托人一致认为，在这狭小的公寓中，空间与功能同样重要。建筑设计师利用 3 m 高的天花板，将有限的空间点石成金，后来这些在空间感知和居住体验中发挥了关键作用。恰到好处的家具布置，确保了小空间的舒适性及其功能的使用。

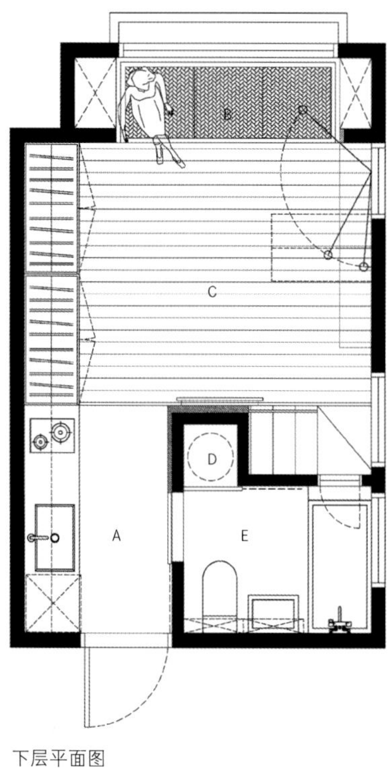

下层平面图

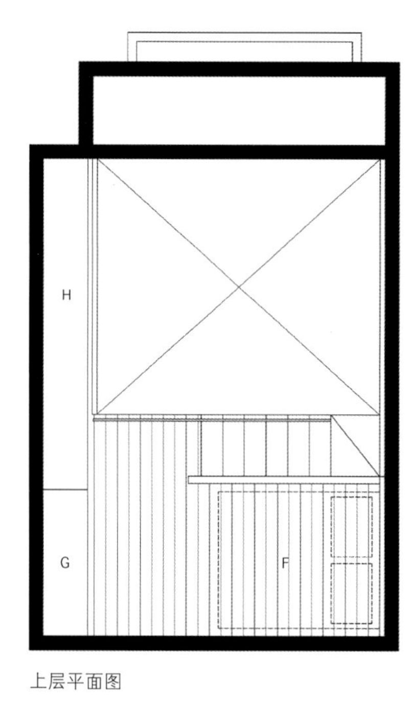

上层平面图

橱柜、衣柜和书架等内置式家具置于同一面墙，充分利用了房间的高度。将尽可能多的储物空间集中在同一区域，这样就能释放并灵活使用公寓的其余空间。

014

大窗户下的榻榻米是一个明亮舒适的休息区，同时在下方提供了宽敞的储物空间。休息区的对面是进入卧室的楼梯，它们构成了这间公寓的核心区域。

015

比例相同的两张桌子可以用作不同的用途。它们又高又窄，可以靠在墙边当作边桌，也可以拼接在一起，变成一张餐桌或办公桌。

016

公寓的空间利用率取决于它所容纳的家具的多功能性。设计师为了尽量减少独立家具的数量，而采用了更多的内置式家具，比如榻榻米和墙柜，以尽可能地释放空间。

017

夹层的高度让人无法站立，所以只放置了一张床铺和一张书桌。书桌是书柜的延伸，有利于空间从一个区域连接到另一个区域。

018

该公寓以白色为主，选用了橡木材料和极简风格的家具，让房间显得宽敞又明亮，在一定程度上弥补了有限的空间面积。

尽管卫生间的面积不大，但里面的设施齐全，还配备了一个浴缸。小小的遮阳窗既提供了足够的光线，又满足了通风需求，同时也保证了卫生间的私密性。

Riviera Cabin

里维埃拉海滨小屋

35 m^2

LLABB

⚲ 意大利拉斯佩齐亚市

© 安娜·波西塔诺

该项目对现有公寓进行了改造翻新，主要是为空间重新划分区域并优化其功能。它要求在生活区和休息区之间实现明确的分隔，其细节设计基础与意大利利古里亚大区的航海文化紧密相关。这间里维埃拉海滨小屋的设计灵感来自船舱，居住者不仅能在这样的小空间内进行做饭、洗澡等基本生活，还能实现储物空间最大化。

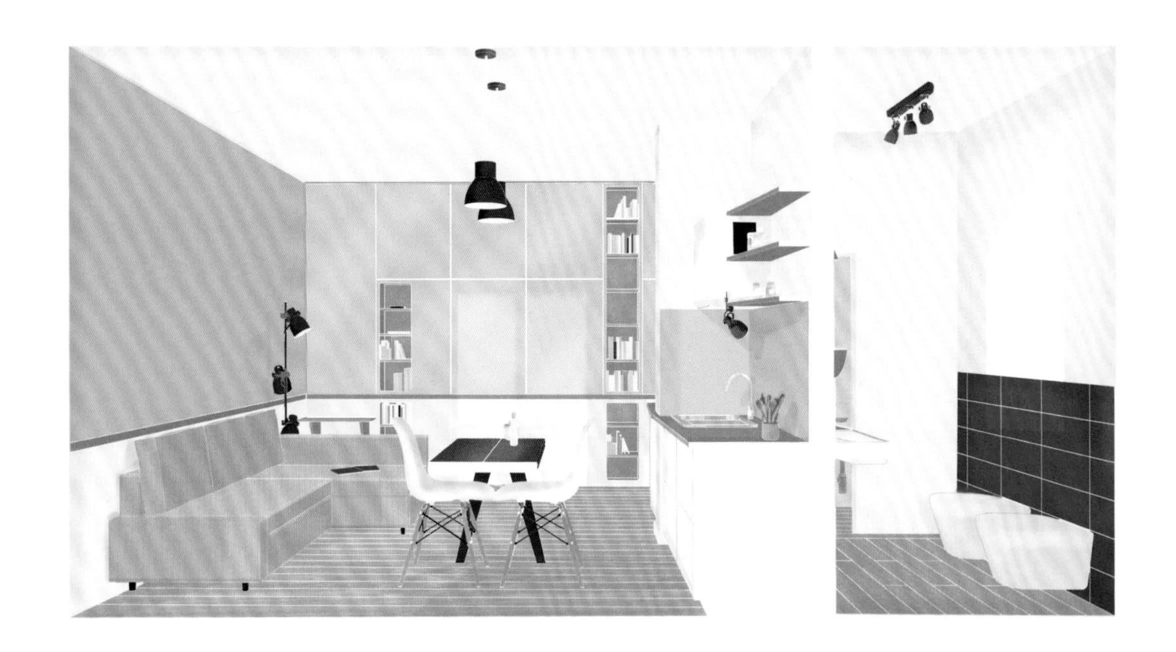

透视剖面图

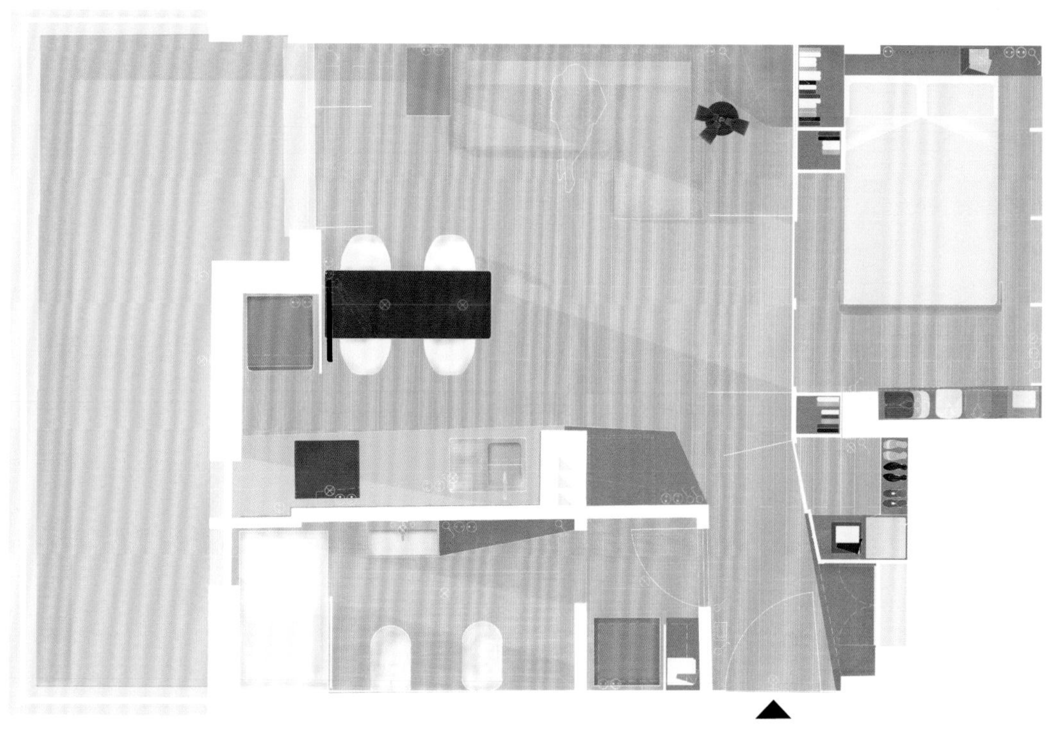

平面图

019

分隔昼夜生活区域的墙体组合元素，不仅具备整合功能，还可以储物并隐藏管线。除了创造和划分空间之外，这些元素还能打造过道。

分隔昼夜生活区域的隔断墙由被漆成白色和浅蓝色的海洋级防水胶合板制成，表面十分光洁。

020

开放式和封闭式储物空间的结合，为这间小公寓增添了储物功能多样性，居住者可以展示自己最喜欢的物品，或者仅仅是摆放最常用的物品。

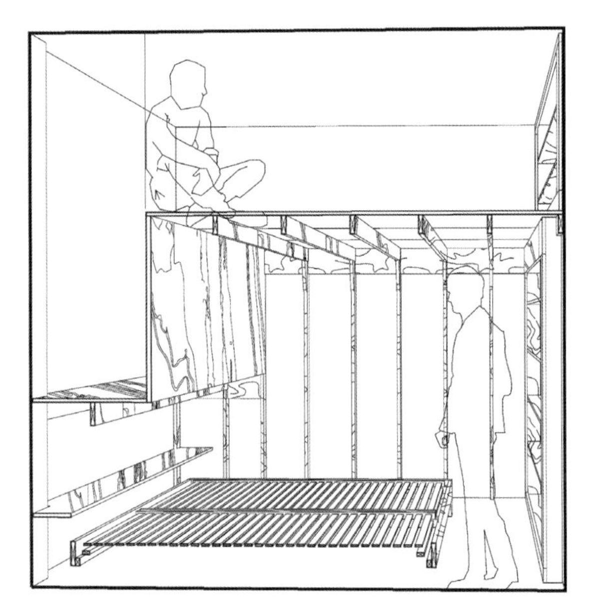

通过主卧室和壁橱的详细剖面图

主卧室参考了造船技术，采用了胶合板墙结构。在收纳墙的尽头，前门的对面，一部狭窄的楼梯穿过一扇小门，通往主卧室上方的夹层空间。这个小小的夹层空间只放得下一张床，侧面有个能打开的小门，可以俯瞰下方的主要空间。

这套袖珍小公寓的改造设计非常大胆，而且十分注重细节。设计师遵循建筑原有的艺术装饰特点，希望能体验到公寓内部空间提供的多种可能性，因此采用了一种精巧的设计方法。通过一系列嵌入的雕塑元素，令人产生视觉刺激，并制造动线，划分空间区域，使这套公寓的整体布局逐渐显现出来。

Versailles

仿凡尔赛宫

36 m^2

猫眼湾

Catseye Bay

⊙ 澳大利亚新南威尔士州悉尼市

© 凯瑟琳・卢

设计师以这座建筑的装饰艺术特色为灵感，创造了这些富有雕塑感的橱柜。另一个设计灵感来自艺术家唐纳德·贾德（Donald Judd）在 20 世纪 80 年代创作的简单而完整的细木工制品。

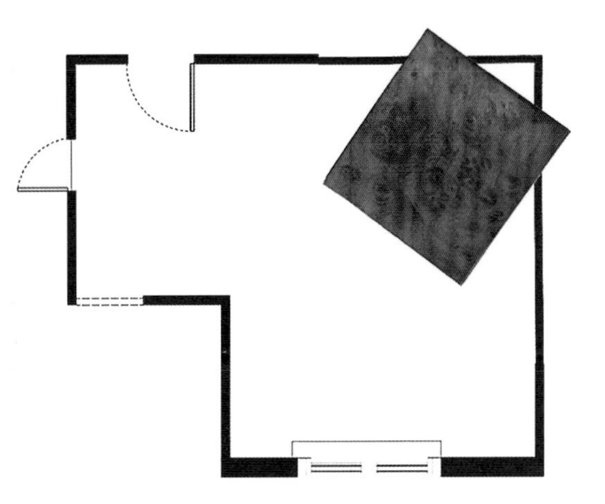

这是细木工元素为公寓增添了一个新房间的概念图。该图表明，可以根据已有平面图显示的朝向，用细木工元素创造新的空间。

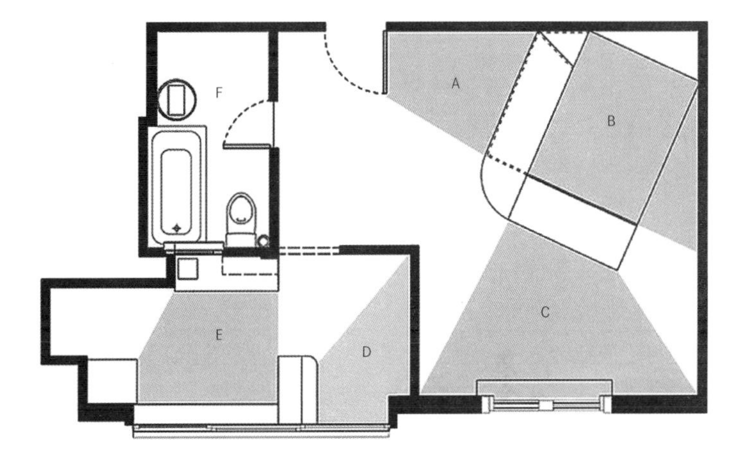

平面图

A. 更衣区
B. 卧室
C. 客厅
D. 餐厅
E. 厨房
F. 卫生间

这间公寓的主要设计是用桦木胶合板制作的两个多功能弧形橱柜。在主空间内较大柜子的位置和朝向是由空气的循环流通及其与窗户的关系决定的，因此创造了一个客厅和卧室共享的舒适开放空间。

“猫眼湾”的设计总监莎拉·贾米森（Sarah Jamieson）说，不同房间之间的分隔并不死板，相反，不同的区域融合在一起，可以互相借用空间。走进这套单室公寓，参观者首先被吸引到一个醒目、弯曲、坚固的组合柜前，它可以用作宽敞的衣柜，然后沿着弧度转过身，集睡觉、休息和储物于一体的空间就呈现在了眼前。

一个 L 型双面背柜划定了厨房的范围。它的形状非常适合较大的厨房，但为了恰到好处地适配这间小厨房，按其比例改成了较小的尺寸。

021

材料和颜色是设计的关键元素，旨在为空间赋予一种特殊的氛围。在小空间里，这些元素的使用应该有所节制，否则会变得很夸张。

BICYCLE
DESIGN

Lovers' Pied-à-terre

情侣爱巢

25 m^2

A+B 卡沙设计

A+B Kasha Designs

法国巴黎市

© 伊达・林达格

这套 25 m^2 的公寓位于顶层，坐落在巴黎第六区中心的一条鹅卵石街道之上，是一对来自法国南部情侣的爱巢。公寓的室内设计与周边时尚的地理环境相融合，充满了个性，并配备了所有的基础设施。客户越来越喜欢他们公寓的“小”比例，他们说：“就算把四面墙扩大到 47 m^2，也不会给我们带来比现在更多的愉悦感。”这套公寓拥有美丽的光线，视野开阔，可以俯瞰全景，是巴黎的一块瑰宝。

设计师阿龙·卡沙（Alon Kasha）和贝琪·卡沙（Betsy Kasha）通过密切关注房间与窗户、门、橱柜和家具的比例，创造了一个看起来比实际更宽敞的空间。

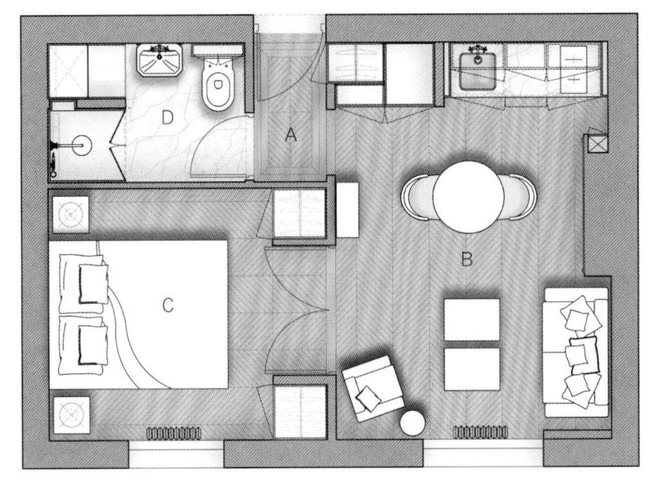

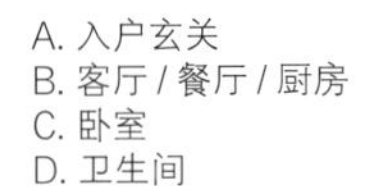

平面图

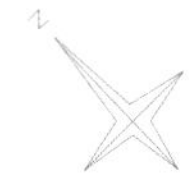

面向客厅和卧室的透视图

022

墙上的装饰线条和照射着天花板的壁灯营造出空间看上去比实际高的错觉。白色的墙壁反射光线，增强了宽阔感，而棕褐色的硬木质地板则为房间增添了温暖。

023

紧凑型厨房与餐厅、客厅相通，促进了房间使用者之间的社交互动。这套狭小的公寓非常适合招待一小群客人。

024

这套小公寓的魅力和特色弥补了它空间的不足。全白的配色方案增强了公寓的建筑特色，并为精选家具和艺术收藏品提供了中性背景。

Darlinghurst Apartment

达令赫斯特公寓

$27\ m^2$

布拉德·斯沃茨建筑事务所

Brad Swartz Architect

⚲ 澳大利亚新南威尔士州达令赫斯特市

© 凯瑟琳・卢

为了让一对夫妇能够舒适地住进去，这套小公寓被改造翻新。它的设计要求很简单：设计一套适合生活和娱乐的功能性公寓。宽敞的储物空间、洗衣房和餐厅是必不可少的。然而，这个要求看似简单，却低估了项目的复杂性，而且一直受预算低、空间小的限制。虽然这套公寓最初是一个单间，但设计目标要求把公共区域和私人区域分隔开。

场地平面图

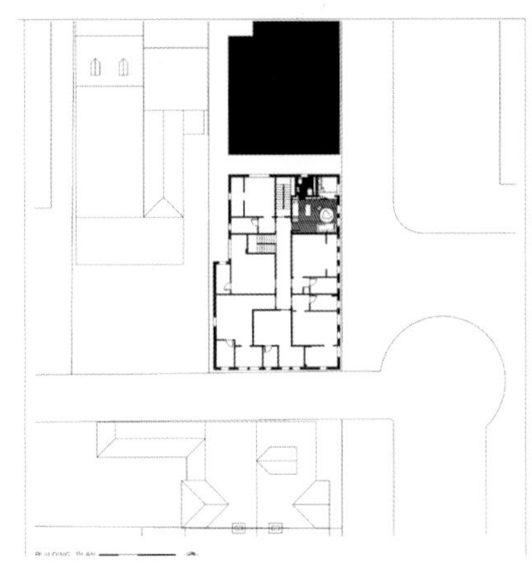

建筑平面图

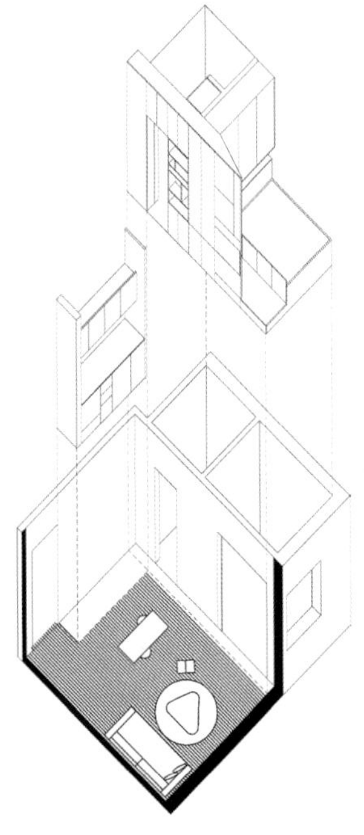

分解轴测图

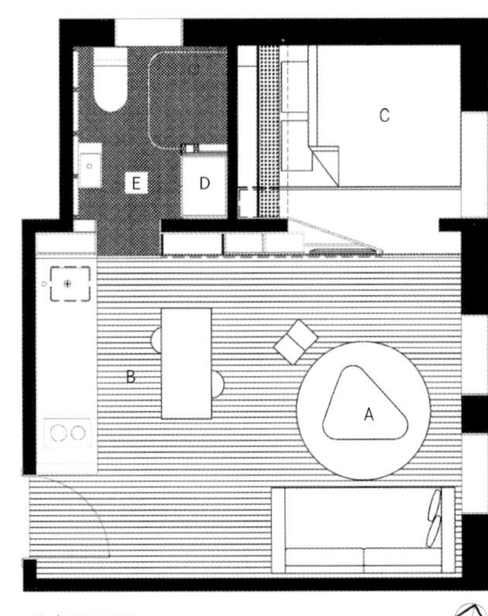

A. 客厅
B. 厨房 / 餐厅
C. 卧室
D. 洗衣房
E. 卫生间

公寓平面图

重新布置厨房后，打造了一个可以用作客厅、餐厅、厨房的开放式空间。设计师在房间设计中采用了极简主义的设计方案，最大限度地营造出空间感。

025

内置柜可用作工作台、电视墙和储物柜，这是节省空间的设计方案，可以灵活地使用空间。

卧室、卫生间等私密空间需要实用的设计方案。这些区域被小心翼翼地隐藏在组合壁柜的后面。储物要求经过设计师的精心考虑，于是卧室里只剩下基本元素，主要容纳一张床。储物柜和床的组合，充分利用了有限的空间。

这张床填满了整间卧室，没有留下可再利用的空间。

该项目是专门为短期住宿而设计，作为弥补悉尼市传统酒店设计缺点的替代方案。现存的单室公寓由于规划不当存在各种缺陷，空间没有明确的分区，门厅尺寸过大且利用率低。现在的设计旨在打造一个不同于传统经典住宅的现代化住宅，将胶合板嵌入到公寓已有的结构中。嵌入式板床与其相连的储物柜产生的高低落差，在视觉上将客厅和卧室区域明确分开，同时最大限度地增加了储物空间。

Nano Pad

纳米寓所

22 m^2

普利纳斯工作室

Studio Prineas

澳大利亚新南威尔士州悉尼市

© 克里斯・沃恩斯

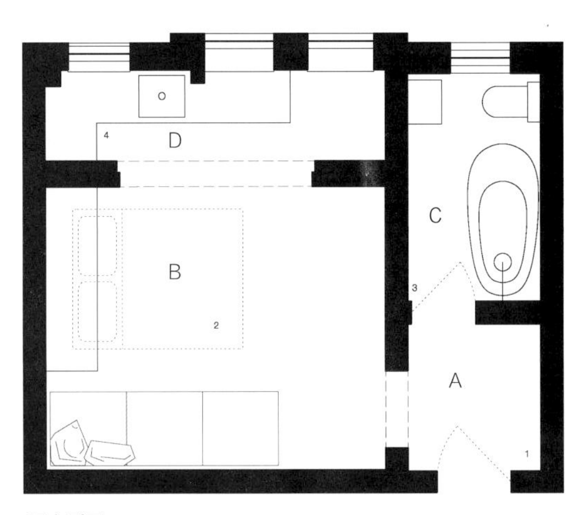

原户型图

A. 门厅
B. 墨菲床 / 客厅
C. 卫生间
D. 厨房

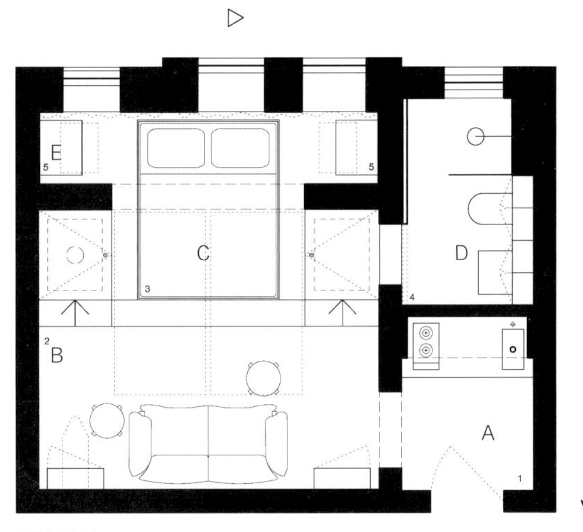

新户型图

A. 门厅 / 厨房
B. 客厅
C. 地台床 / 床下储物柜
D. 卫生间
E. 壁橱

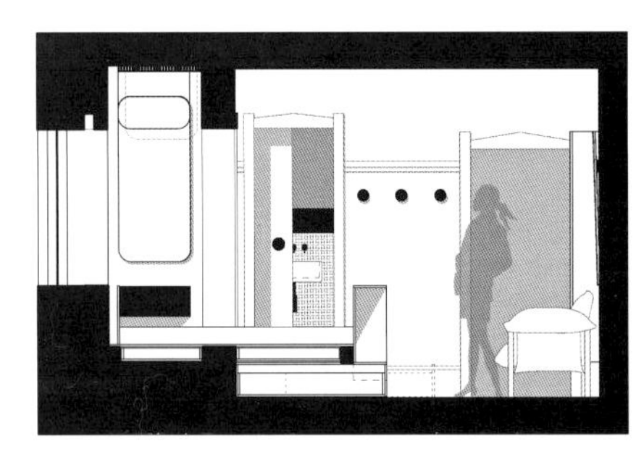

新剖面图

卧室剖面图

合理的空间规划使这个狭小的单室公寓具备更多功能，能够为客人提供舒适的短期居住环境。从美学上讲，嵌入的新元素并没有掩盖原有的艺术装饰结构。

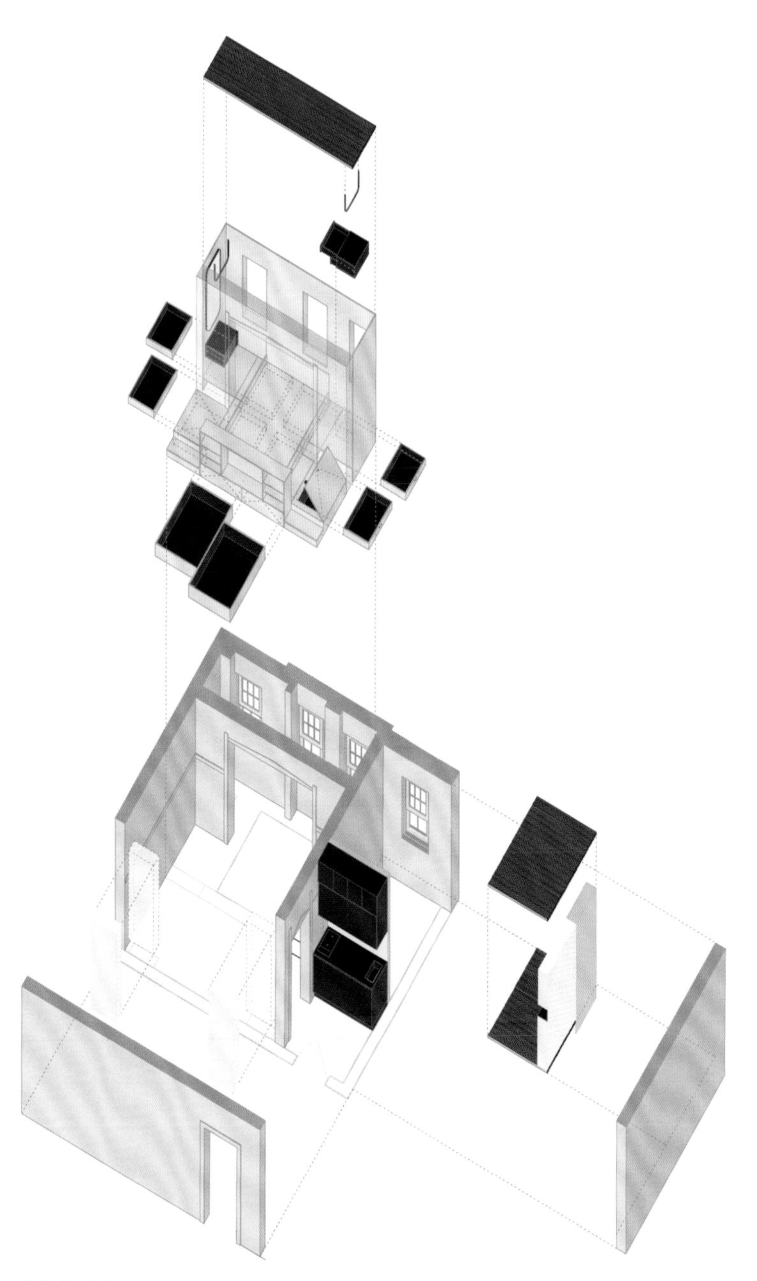

分解轴测图

026

小厨房保持了公寓的干净整洁，同时能满足客人在短期住宿期间的需求。

嵌入的新元素是由石灰水洗胶合板制成的，与现有公寓的表面有明显的区别。衣帽钩等黑色元素的点缀，突显了宁静的环境氛围。公寓中的圆角钢架镜子代表了现代装饰艺术风格。

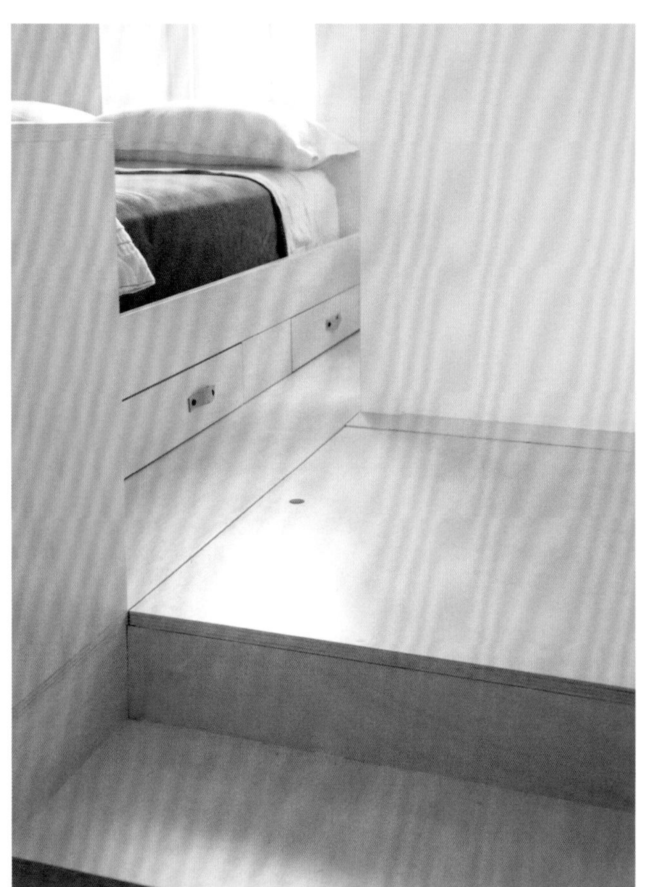

027

不需要隔断墙，只需要抬高地面就可以划分出不同的区域。抬高的地面可以用来隐藏管线，还能增加额外的储物空间。

现有公寓的改造旨在完善其规划，并使其装修质量与市中心高密度历史建筑的高价值定位相符。该公寓原有的布局十分狭窄，缺乏自然采光。因此，对公寓进行改造是非常必要的，但考虑到空间的限制，需要融入能够灵活使用的设计元素。设计师通过移动隔墙来划分区域，以促进空间的灵活性。这些隔板墙可以关闭或打开，能够创造出不同的空间组合，确保了不同程度的隐私。

Brera Apartment

布雷拉公寓

34 m^2

普兰纳尔

PLANAIR

⚲ 意大利米兰市

© 卢卡·布歌利

最大空间平面图

娱乐时空间平面图

工作时空间平面图

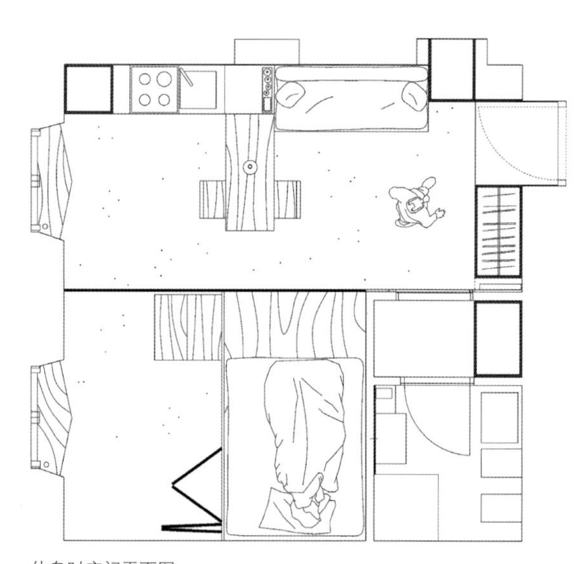
休息时空间平面图

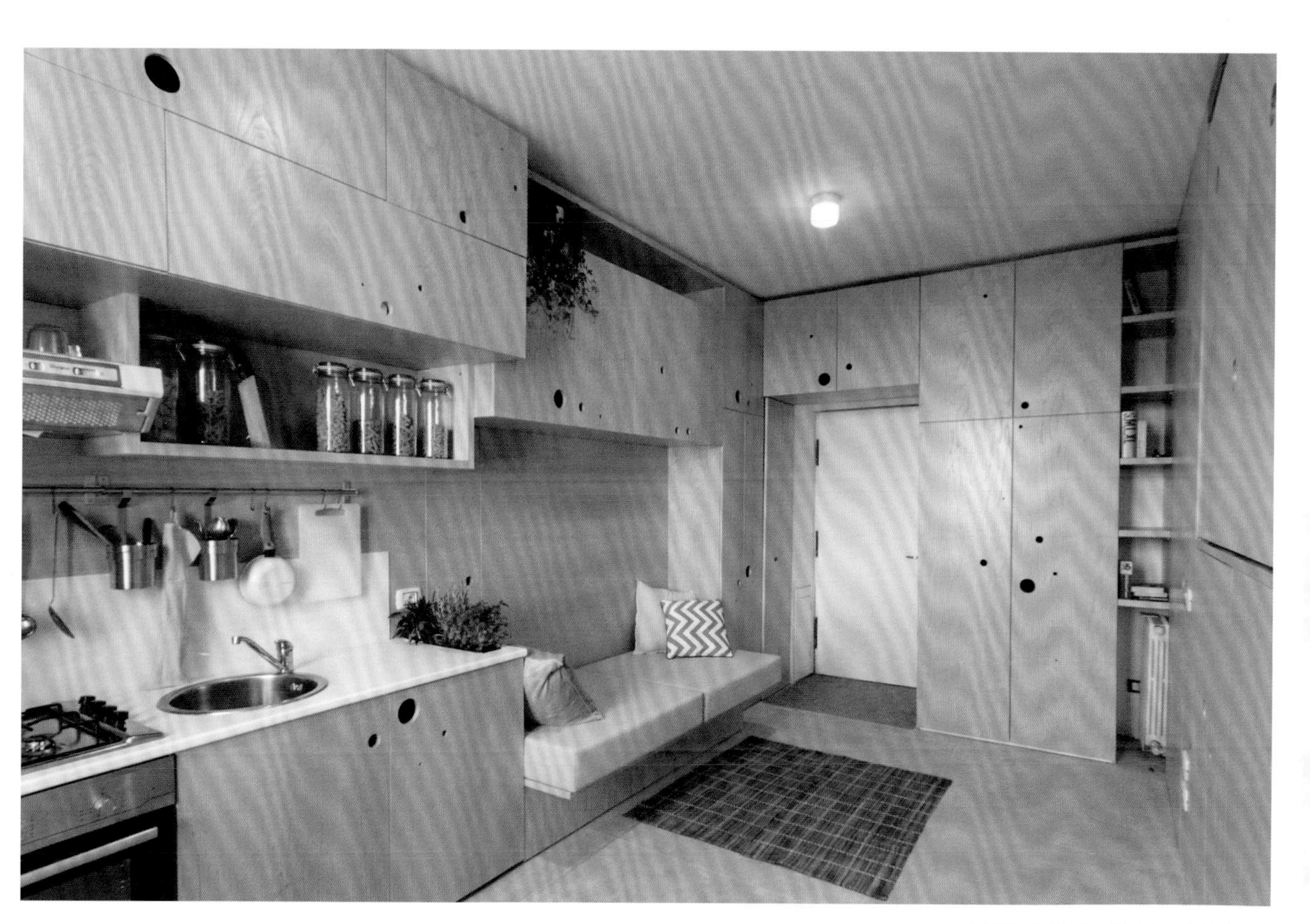

公寓的三面墙壁上都是内置式家具。这些内置式家具整合了典型住房的所有功能，如厨房、卫生间和卧室，同时腾出空间用于其他用途，满足吃饭、娱乐和工作等需求。

028

小空间的改造项目通常依靠设计方案，从技术、功能和人体工程学上解决影响空间本身及家具陈设的问题。

通过创造紧凑的功能元素，释放出更多的面积，使空间得到更好的利用。这样的设计还能让自然光更多地进入室内，在视觉上放大了空间。

029

这些家具不仅具备储物功能，也是房间的分界线。它们组合在一起，就能实现某种特定功能，比如用于睡眠，或是实现工作和储物等功能组合。

有限的空间不应该成为创造性设计方案的障碍，相反，它应该更能激发人们的思考和探索，作为一种实现最佳设计方案的灵感来源。

Clerestory Loft

天窗阁楼

46 m^2

椎体建筑事务所

Vertebrae Architecture

美国加利福尼亚州威尼斯市

© 艺术灰色摄影社

该项目建在一个现有的双车位车库上，是一个单户住宅地段上的附属住宅单元（ADUs）。顾名思义，附属住宅单元可以是车库上方的公寓、后院小屋或地下室公寓。它们为房主提供了容纳更多家庭成员或通过租金获得额外收入的选择，从生活方式和经济角度来看，这些选择都是明智之举。

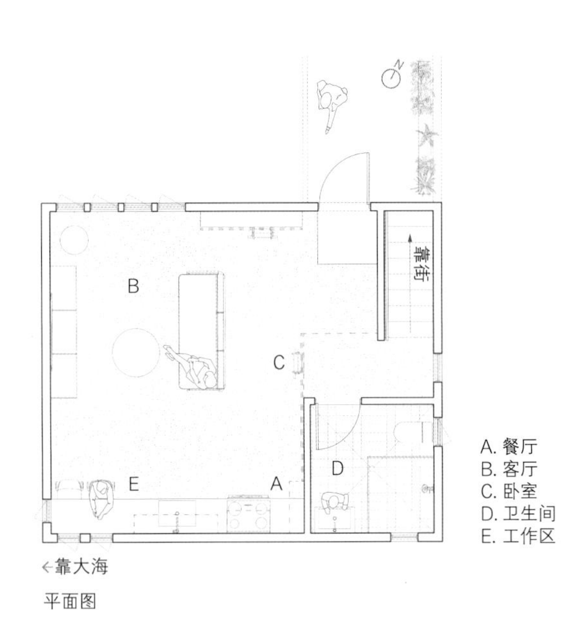

平面图

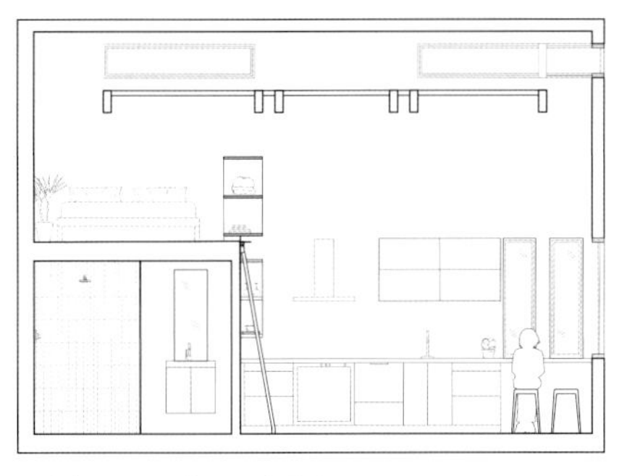
面向餐厅和工作区的室内立面图

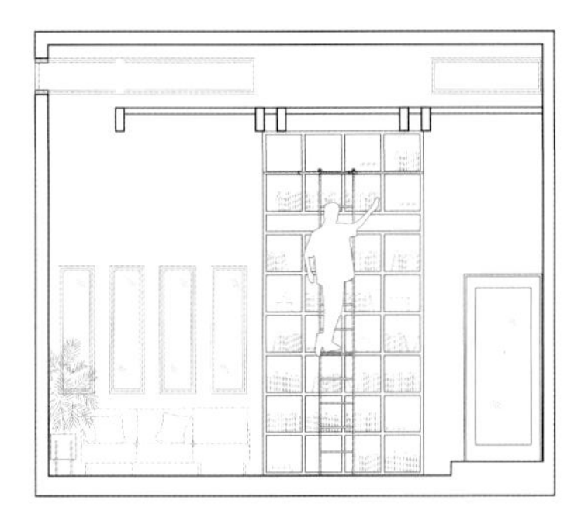
面向入口的室内立面图

吊顶天花板被天窗环绕，为双层高的空间提供了均匀的散射光线，而屋顶结构则充当了上方凹陷的挡板。

通过活动锁梯，可以爬上两个置物架取物。这些架子在最大限度地提高单元房贮藏量的同时，也作为上方阁楼的护栏和视觉分隔线。

厨房提供了充足的橱柜容量，相邻的区域用于吃饭或工作，将储物、就餐和工作等三种功能集中在最小的占地面积内。

030

玻璃隔断墙和无弧度的淋浴头巧妙地扩大了卫生间的空间。

031

阁楼床是为小家庭节省空间的好方案，使挑高的高度得到最优化，并保证了楼下有足够的活动空间。

032

占地面积有限的复式单元房是节省空间的好选择。垂直的布局提供了多种功能的空间，如卧室、家庭办公室、书房或储藏室。

Venice Micro-Apartment

威尼斯微型公寓

31 m^2

椎体建筑事务所

Vertebrae Architelture

⦿ 美国加利福尼亚州威尼斯市

© 艺术灰色摄影社

这套微型单元房距离威尼斯海滩 61 m，是业主委托建造的唯一居住空间。该项目将一间闲置、几乎没有窗户的洗衣房，改造成了一套理想的生活单元房。简单而有效的设计方案，使用到顶式组合储物柜来划分空间，并确保了视觉隐私性和隔音效果。同时，它将整个日常生活流程，包括吃饭、睡觉、休息和洗澡，装入 31 m^2 的空间，解决了可持续的城市生活问题。

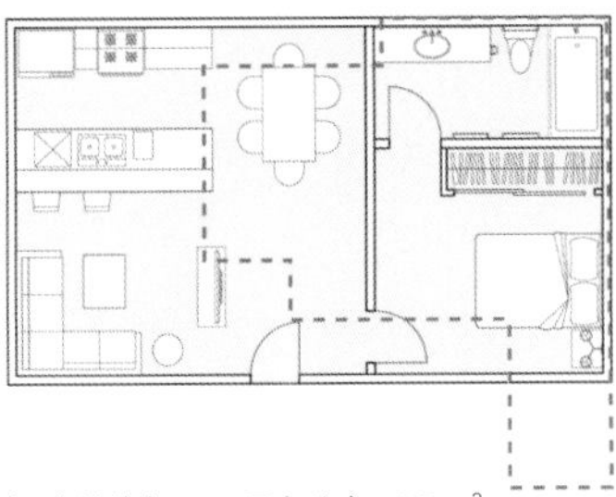

标准的洛杉矶一居室公寓：65 m²

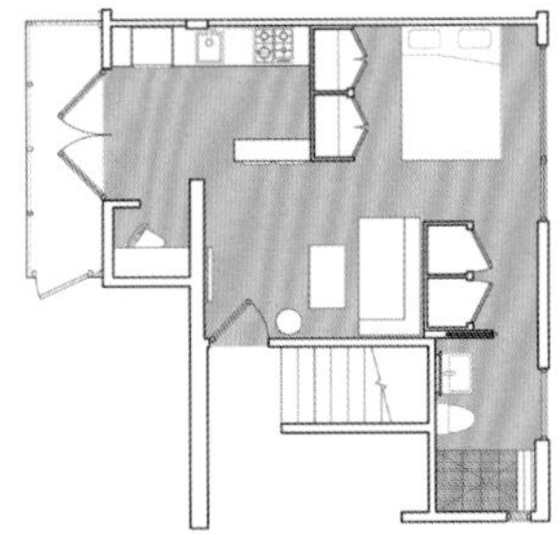

威尼斯微型公寓：31 m²

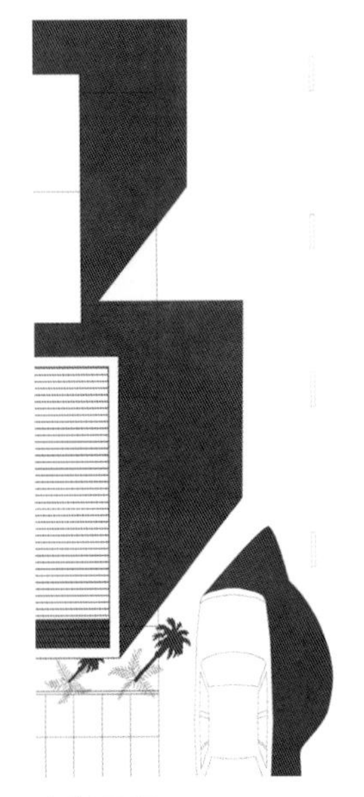

室外平面图

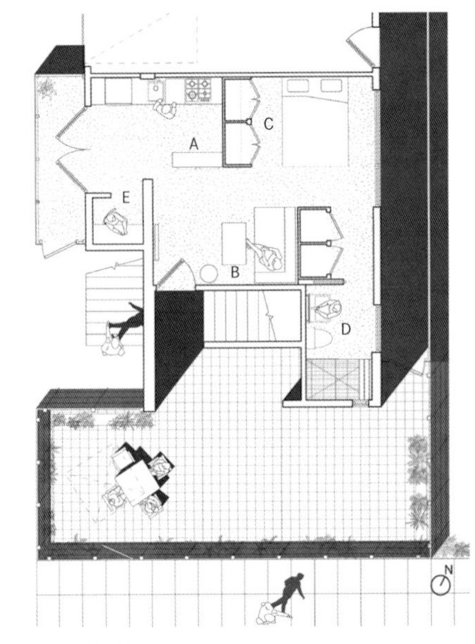

室内平面图

A. 餐厅
B. 客厅
C. 卧室
D. 卫生间
E. 工作间

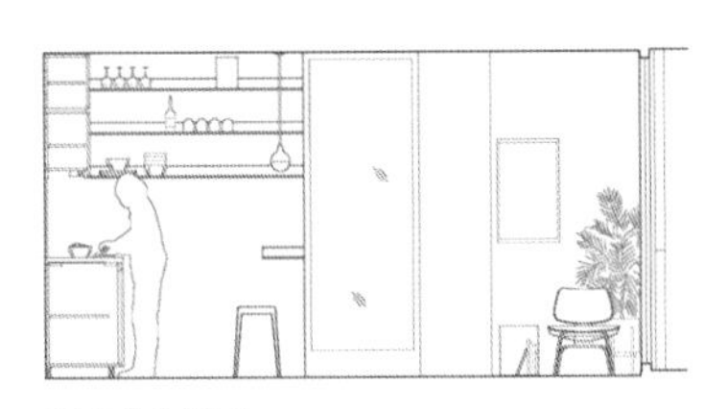

室内立面图 1

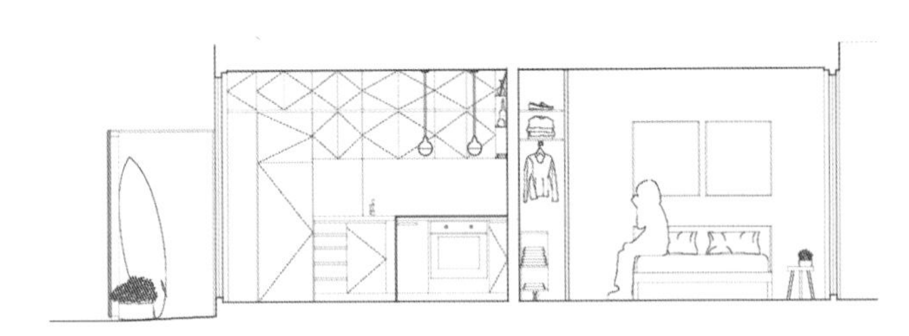

室内立面图 2

033

狭小空间的厨房布局，往往只能把洗涤、烹饪、备菜和储物等所有功能配置在同一水平线上。当厨房与客厅、餐厅相通时，这种布局可以高效地利用空间。

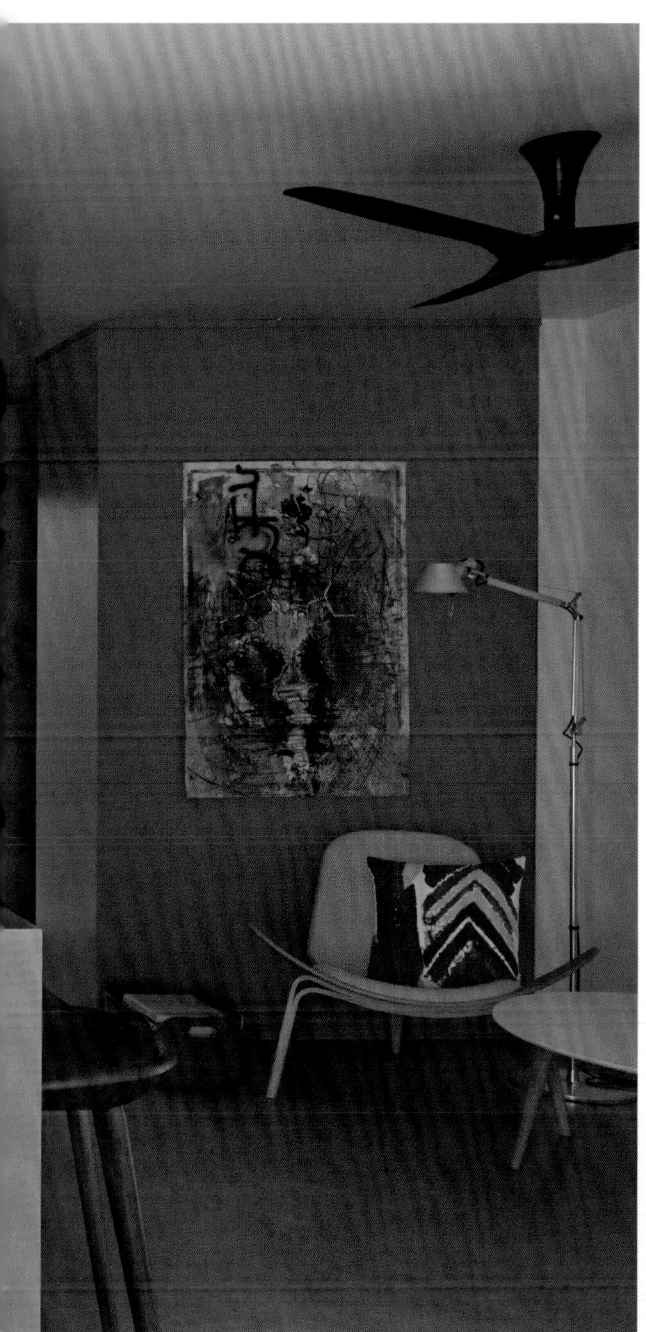

简单的材料和色调尽可能地减少视觉干扰，最大限度地提高了公寓的空间质感。通往新阳台的双门增加了室内的采光，从而减少了对能源的依赖，增加了可感知的空间体积。安装了防护栏的阳台为住户提供了私人户外空间，增加了公寓的建筑面积。

034

这间小办公室展示了如何把楼梯下方闲置的区域改造成一个功能性空间，并为创造性的设计方案提供了可能性。

035

空间的大小和设计的可能性之间没有任何关联。换句话说，大户型不一定比小户型拥有更多的设计选择。

Bazillion Apartment

巴兹利翁公寓

45 m²

YCL 工作室

YCL Studio

⦿ 立陶宛维尔纽斯市

© 雷昂纳斯·加尔巴考斯卡斯 / 雅阁博陶公司

YCL 工作室在这套双人小公寓的昼夜区域之间，划出了一条清晰的界线。该公寓位于维尔纽斯市老城区的一栋新建住宅楼里，业主经常旅行，这套公寓是他在此地短暂停留时的住所。这套紧凑型公寓本质上是一个开放式空间，一面瓷砖墙分开了起居空间与休息空间，这面墙与整座老城区的建筑使用的红砖相呼应，因此能够在非常小的面积内营造出昼夜两种截然不同的氛围。设计的主要概念是在相对封闭的空间内体现出昼夜两种不同的氛围，并以此来推动每一个设计决策的走向。

在这套公寓里，YCL 的设计师做出了一个巧妙的设计，将空间进行划分：一面斜墙将室内分成两部分，一部分包含了客厅和厨房，另一部分则是卧室和卫生间。前者凉爽而开放，后者温暖而隐蔽。

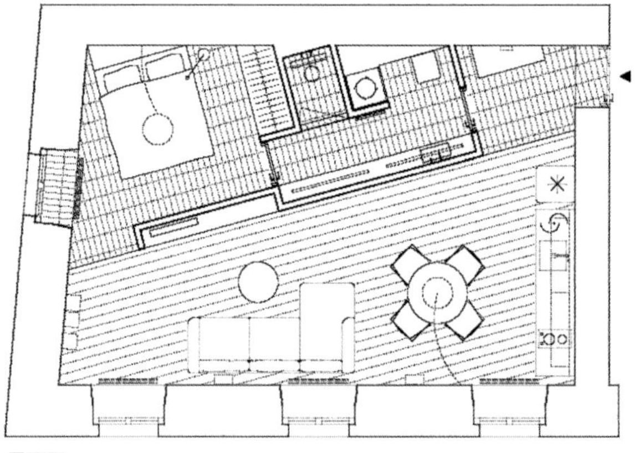

平面图

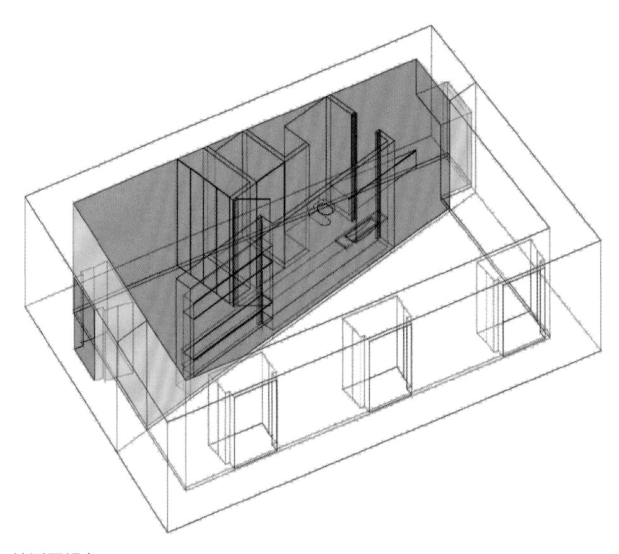

轴测图视角

036

在空间中使用相同的配色方案，可以让各种功能区域更融合统一，并放大对空间的感知。

037

使用对比强烈的颜色或材料，可以使同一空间内的各区域之间产生巨大的差异。设计师借助了颜色或材料来体现空间所需要的氛围。例如，明亮的颜色可以与白天联系起来，而暗色区域容易让人联想到夜晚。

凉爽的起居空间由白色的木质地板，以及白色的天花板和墙壁构成，而温暖的休息空间的地板和墙壁则由三种色调的赤土色瓷砖铺设而成，其中混凝土天花板也被漆成了红棕色。

038

白色的木材与赤土色的陶瓷，不仅具有空间张力，还创造了一种耐人寻味的转折。一般来说，浅色使空间看起来宽敞通风，深色则让房间看起来舒适隐蔽。

瓷砖贴面能带来温暖的氛围，铺在卫生间里也便于清洁和维护。该设计将瓷砖从普通用途中解放出来，由于瓷砖的实用性，通常只用于住宅的某些部分，如厨房和卫生间。在这里，瓷砖被运用到卧室，使这套公寓拥有了不同寻常的特色。

Space-Saving Interior Design

节省空间的室内设计

25 m^2

黑色与牛奶

Black & Milk

⦿ 英国伦敦市

© 黑色与牛奶

伦敦的一家开发商公司委托奥尔加・阿列克谢耶娃（Olga Alexeeva）对市中心的一套非常小的单室公寓进行改造。这项节省空间的室内设计任务包括重新划分空间，打造一个新的厨房和卫生间，以及装修和家具采购。奥尔加说："这套公寓非常小，已经三十年没人入住了。"这套伦敦市中心的单室公寓被赋予了新生，现在作为一个多功能的空间，满足了一位从事媒体行业的繁忙职业女性的生活需求。

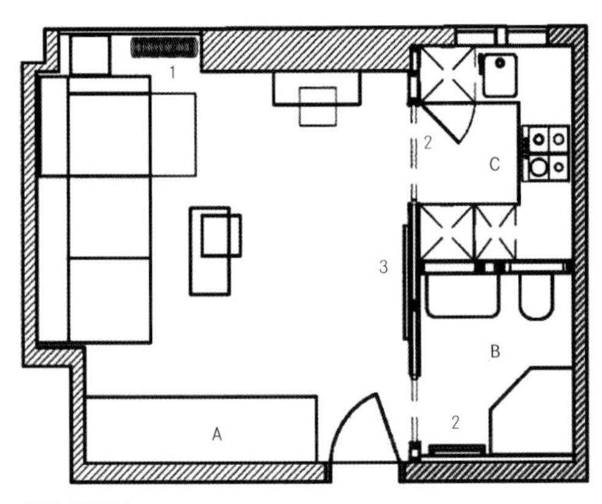

新的平面图

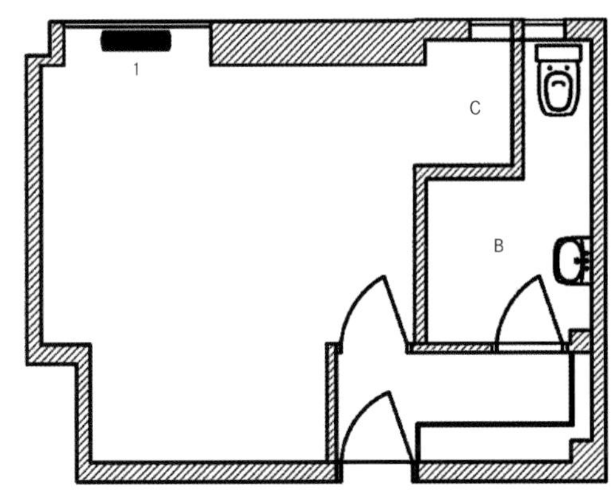

原有的平面图

A. 衣柜和书房
B. 卫生间
C. 厨房

1. 暖气片
2. 滑动门
3. 电视

该公寓原始布局过于散乱。厨房的问题尤其严重，其布局利用率低，占用了太多的空间。为了营造空间感，奥尔加将公寓里的一些隔断墙拆除，打造了多功能的大客厅和卧室。

这套小公寓的新布局为业主提供了工作、娱乐和休闲的空间，满足了业主作为忙碌的职业女性的生活需求。

039

镜面门后面隐藏着家庭办公室，也在视觉上放大了空间，并可以将射入房间内的光线反射到对面墙壁上。

040

双人床可以折叠起来，将卧室变成客厅。

041

主空间的家具布置稀疏，以优化其流动性。一个用来放松或娱乐的宽敞休息区，既可以作为容纳 6 个人的用餐区，也可以作为一个休憩酣眠的卧室。

该公寓拥有一间小而精美的厨房。为了确保所有必要的电器都安装妥当，奥尔加首先设计了厨房，然后在周围砌了新墙。

SOTTSASS

迈克尔·K·陈建筑事务所的客户希望将一套位于公寓楼顶层的奇形怪状的小公寓，改造成现代化多功能住宅。该项目充分利用了这个有两扇窗户和一个狭小阁楼角的紧凑空间。设计师对空间进行了有效的细分，并安装了一个定制的变形组合墙柜，尽管空间有限，但仍然尽可能地让住户生活舒适，满足他们对餐厅、客厅、卧室、工作区等功能的需求。

Attic Transformer

变形金刚

21 m²

迈克尔·K·陈建筑事务所

Michael K Chen Architecture / MKCA

⚲ 美国纽约州纽约市

© 艾伦·坦西

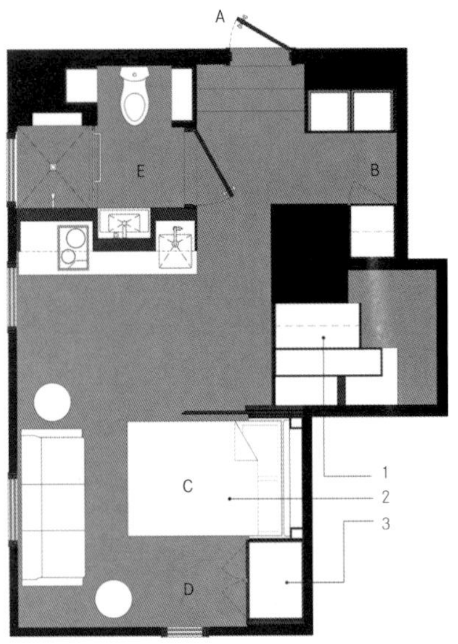

A. 入口
B. 储物间
C. 卧室
D. 更衣区
E. 卫生间

1. 抽拉式衣柜
2. 折叠式床
3. 衣柜

卧室平面图

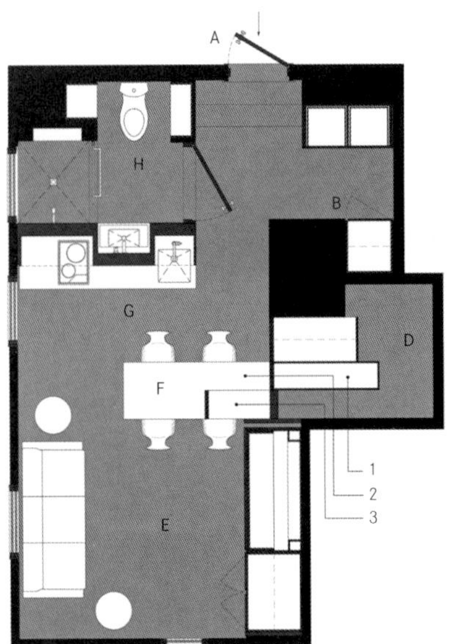

A. 入口
B. 储物间
C. 烟囱
D. 阁楼
E. 客厅
F. 餐厅 / 办公室
G. 厨房
H. 卫生间

1. 抽拉式食品存储柜
2. 1.8 m 长的抽拉式桌子
3. 抽拉式电脑

客厅平面图

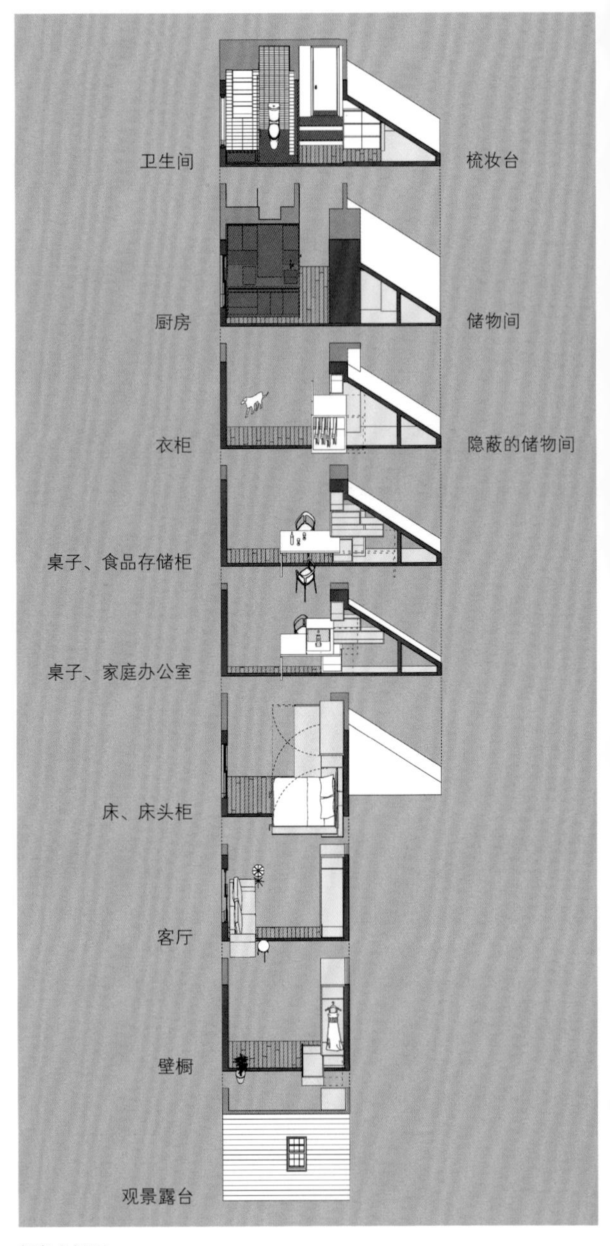

仰角立视图

精心定制的木质家具，以及精美的复古家具和现代家具，构成了轻奢的室内设计风格。在这套小小的公寓里，所有家具都符合比例。

042

就像楼梯下方的三角区一样，阁楼很难使用，往往会成为闲置的区域，在大多数情况下，会堆满乱七八糟的闲置物品。然而，如果规划得当，阁楼便可以提供宝贵的储物空间，并为小空间增添趣味性。

紧凑型厨房是公寓的主要特色之一，标志着烹饪和用餐的区域，也为通往入口和主要房间提供了通道，可以适应各种活动变化。

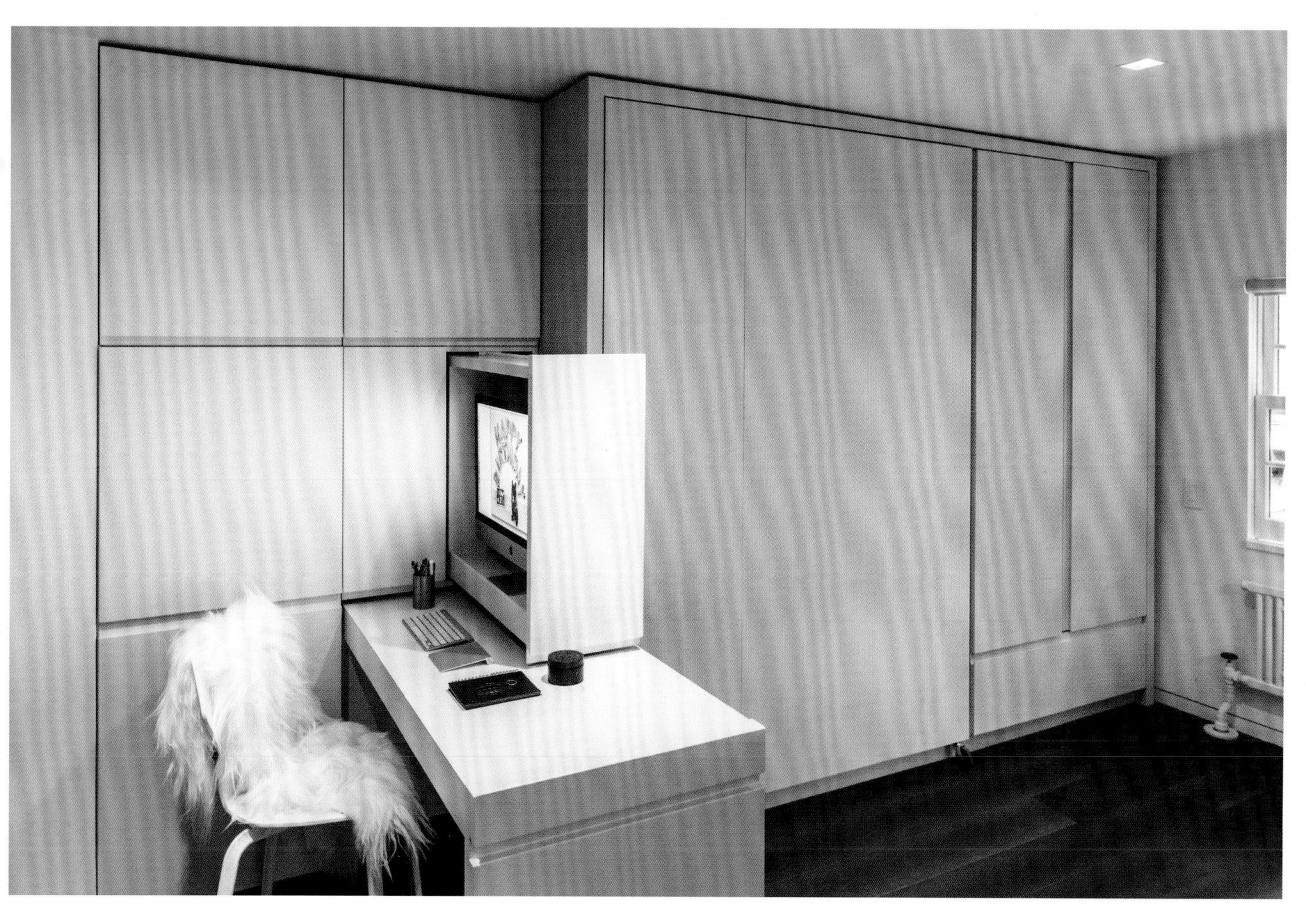

组合墙柜包含衣柜、食品存储柜和抽拉式餐桌，餐桌与抽拉式电脑搭配使用，可以转换成一个带有台式电脑和文件柜的家庭办公室。

043

墨菲床或壁式床是为小房间节省空间的便利设施，可以在不影响舒适度的情况下确保灵活性。

4 50

044

卫生间是这套公寓中最具挑战性的设计之一，这不仅是因为空间的限制，还因为与家里其他空间不同，卫生间往往相对密闭，还会让人们的内心产生一种封闭感。

045

这个小卫生间的设计采用了两种配色，让它看起来既宜人又宽敞。该设计的特点是采用了冷色调方案，一是为了反射灯光，二是为了在视觉上扩大空间。墙面瓷砖从底部贴到了顶部。

Shoe Box

鞋盒

16 m^2

埃利 · 梅特尼

Elie Metni

⊙ 黎巴嫩贝鲁特市

© 马尔万 · 哈莫什

黎巴嫩工作室的埃利 · 梅特尼将一套现有的公寓重新改造，业主把这套公寓放到民宿网上作短期出租房。墙壁和天花板被刷成白色，地板也涂了白色的环氧树脂。随后设计师为整套公寓安装了节省空间的定制家具，这些家具也是用白色的层压板制成。选择全白的配色方案是为了创造一个明亮的空间，这样就能反射充足的自然光。

046

家具沿着公寓的四面墙壁放置，以充分利用可用空间。桌子和凳子在不需要的时候可以收起来，尽量减少杂乱。

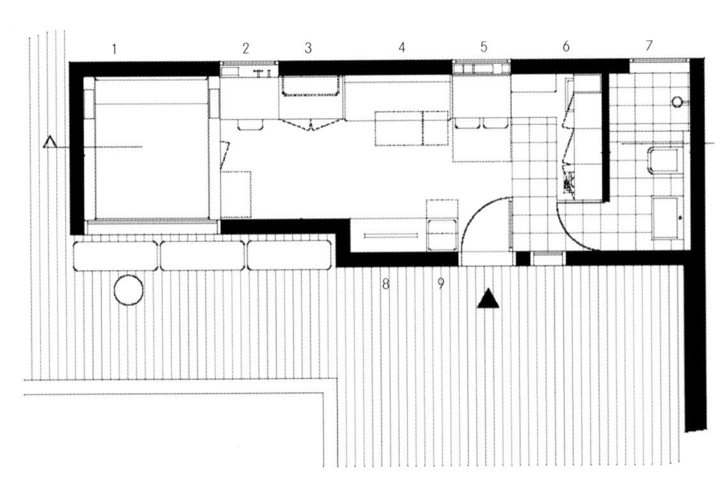

平面图

1. 床
2. 办公桌
3. 柜子
4. 沙发
5. 餐桌
6. 厨房
7. 卫生间
8. 电视柜
9. 凳子

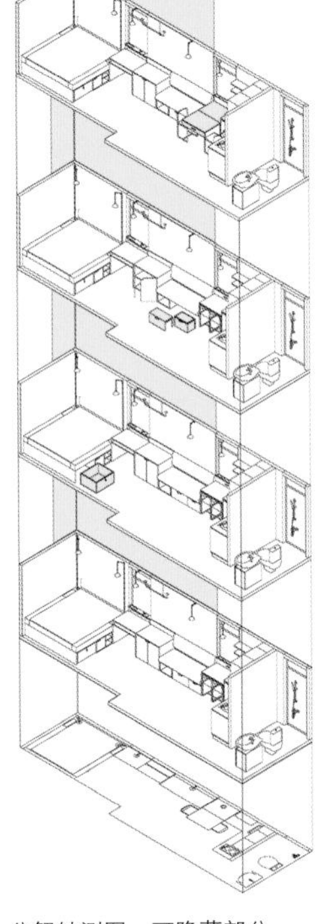

分解轴测图：可隐藏部分

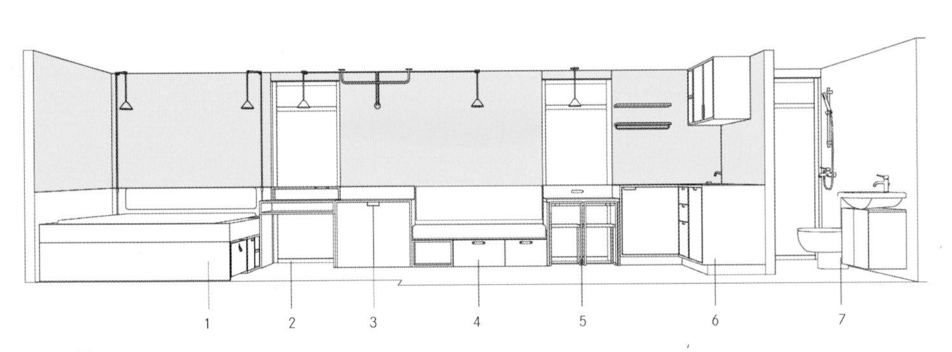

透视剖面图

047

几乎每件家具都有收纳功能。床下有一个抽拉式抽屉、一个收纳柜和一组架子。床边的桌子可以作为书桌使用，桌子下方有一个开放式架子，背面有插座，可以为电脑和手机充电。

贝鲁特市和发达国家的许多城市一样，已经成为一座很难找到合适住所的城市。城市里住房稀缺，生活成本又高，住房危机日益严重，影响到大多数的城市居民。为了遏制住房危机，小户型正逐渐流行起来，也越来越受欢迎。这套位于贝鲁特市中心一栋旧楼顶层的迷你小公寓正是一个典型的例子。这套公寓面积虽小，但视野开阔明亮。宽敞的露台可以看到贝鲁特市天际线，扩大了这套迷你小公寓的空间感。

Mini-Me

15 m^2

埃利 · 梅特尼

Elie Metni

黎巴嫩贝鲁特市

© 马尔万 · 哈莫什

客户的要求简单明了：创造一个流动的空间，能够容纳多达5人，并可供2人就寝。这个小小的家充满了强烈的空间感，让人觉得简洁、惬意、实用。

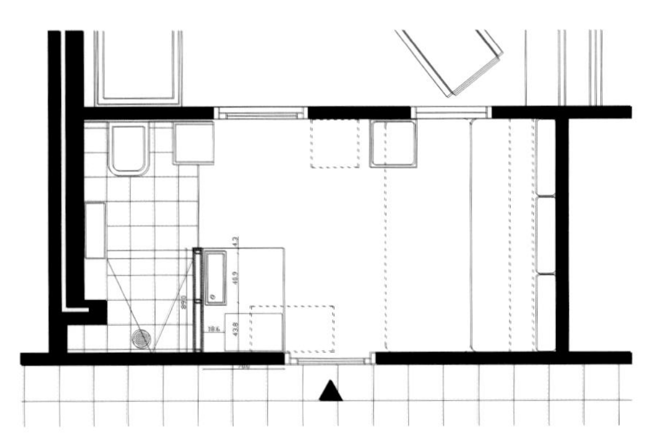

平面图

剖面图 1

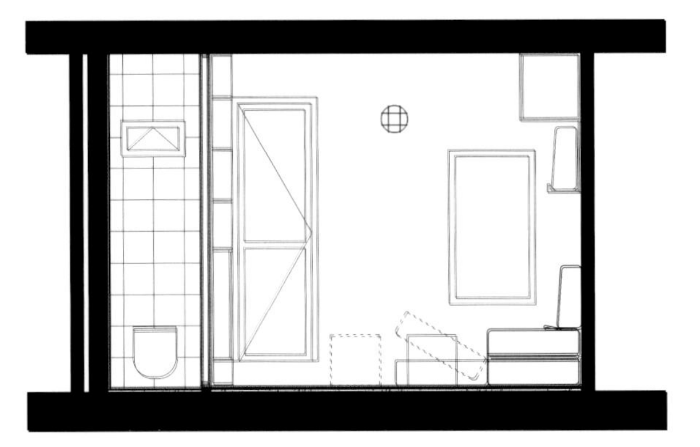

剖面图 2

048

通过顶柜和隐藏沙发的方式，实现了存储空间最大化。设计师成功地保留了大面积的活动空间，不用添加额外的家具和配件。

整套单元房的设计最大限度地提高了自然采光，创造了一个灵活的空间。它可以转化成一个适合短暂居住的高效功能性住房。

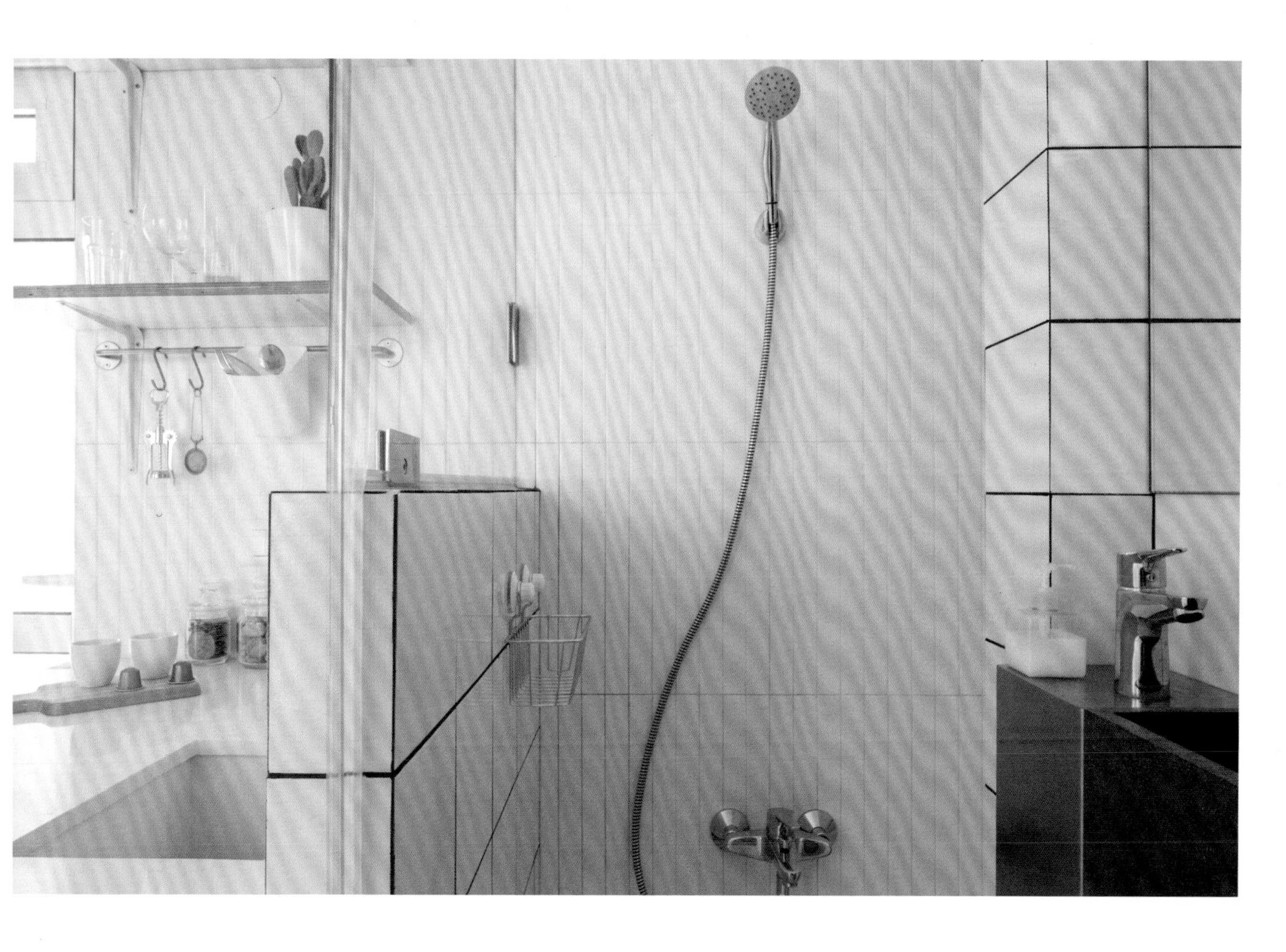

CANADA
DRY

Micropolis

微型城市

单元房类型 1 和 4：18 m^2

单元房类型 2 和 3：28 m^2

逆转建筑事务所

Reverse Architecture

美国马萨诸塞州波士顿市

© 海蒂·索兰德

“微型城市”是一个有着 150 年历史的建筑改造项目，里面有 20 套非常小的公寓。由于建筑及分区法规，分隔公寓的墙体必须保持原样，因此改造仅限于调整每套公寓的内部结构。改造的第一步是探索建筑内部的空间可能性，在改造的过程中将公寓改成 4 种户型。通过内嵌式家具、高效的储物柜和可变形的定制家具，克服了小户型的局限，创造了灵活的生活空间，舒适度远远超过了空间被缩小之前。

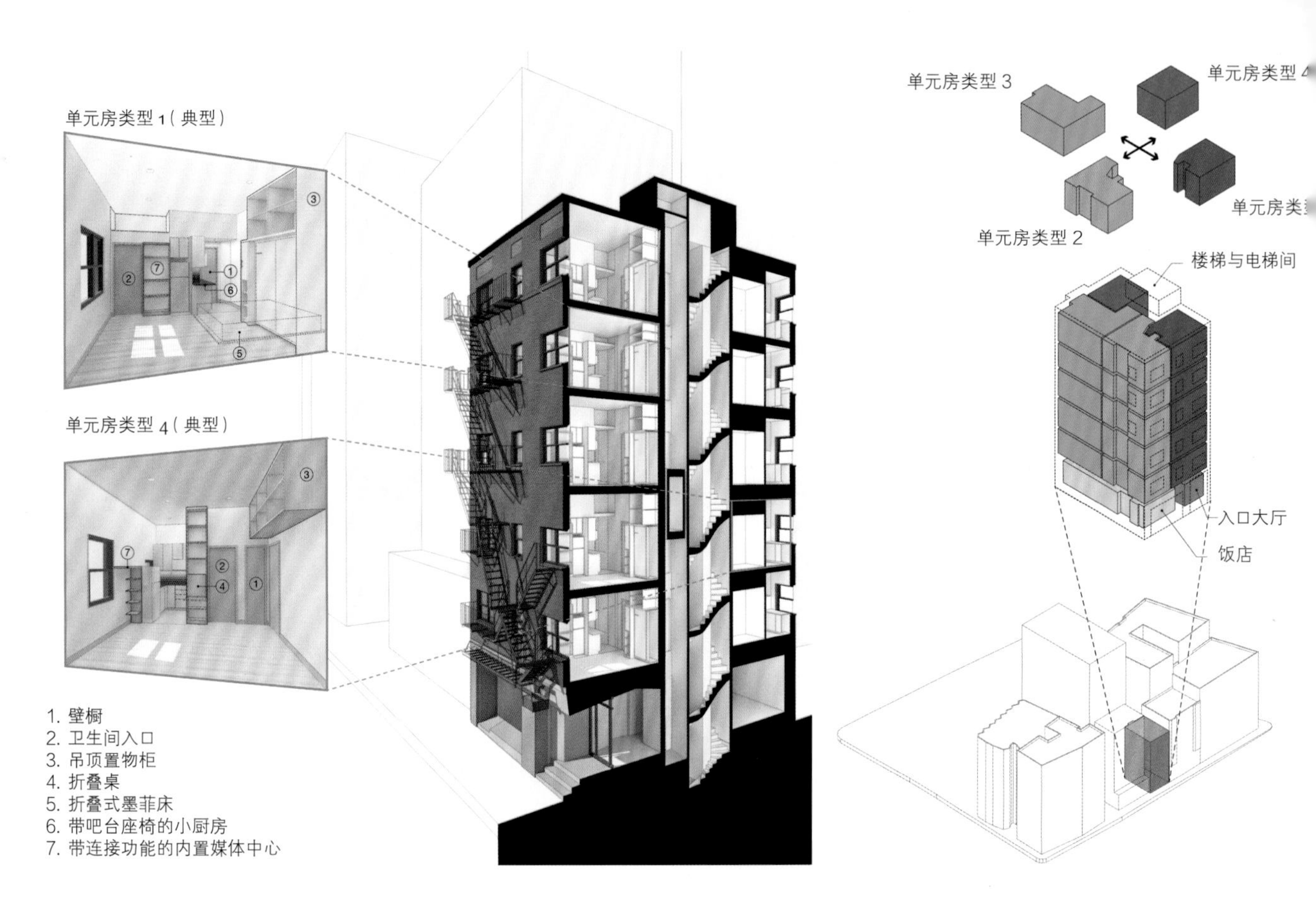

除了升级建筑物本身（包括地下室设施）外，设计团队还修复了主外立面并重新设计大堂，为建筑赋予了新的身份。为了充分发掘这座建筑的历史，建筑师们对相关照片档案进行了深入研究。

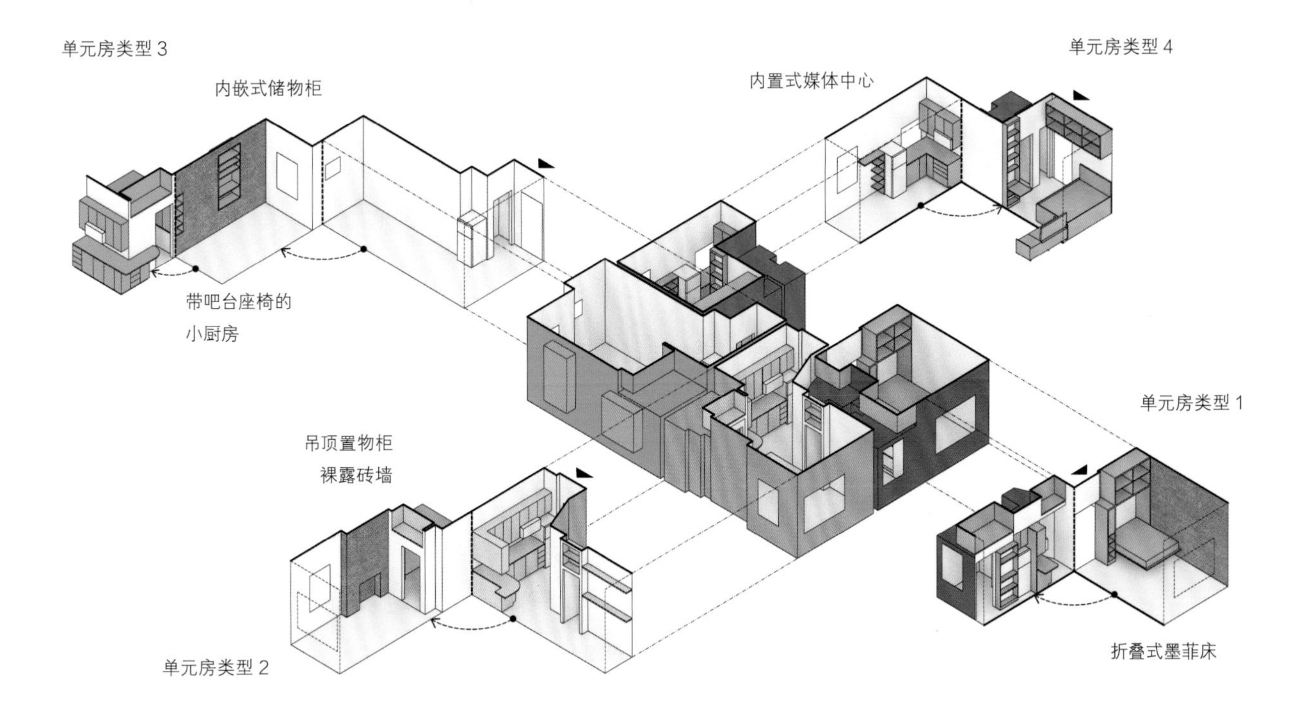

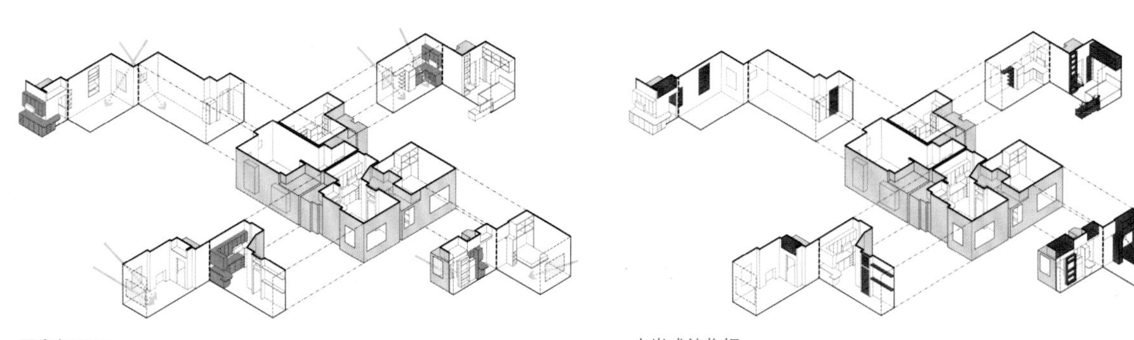

厨房与照明

内嵌式储物柜

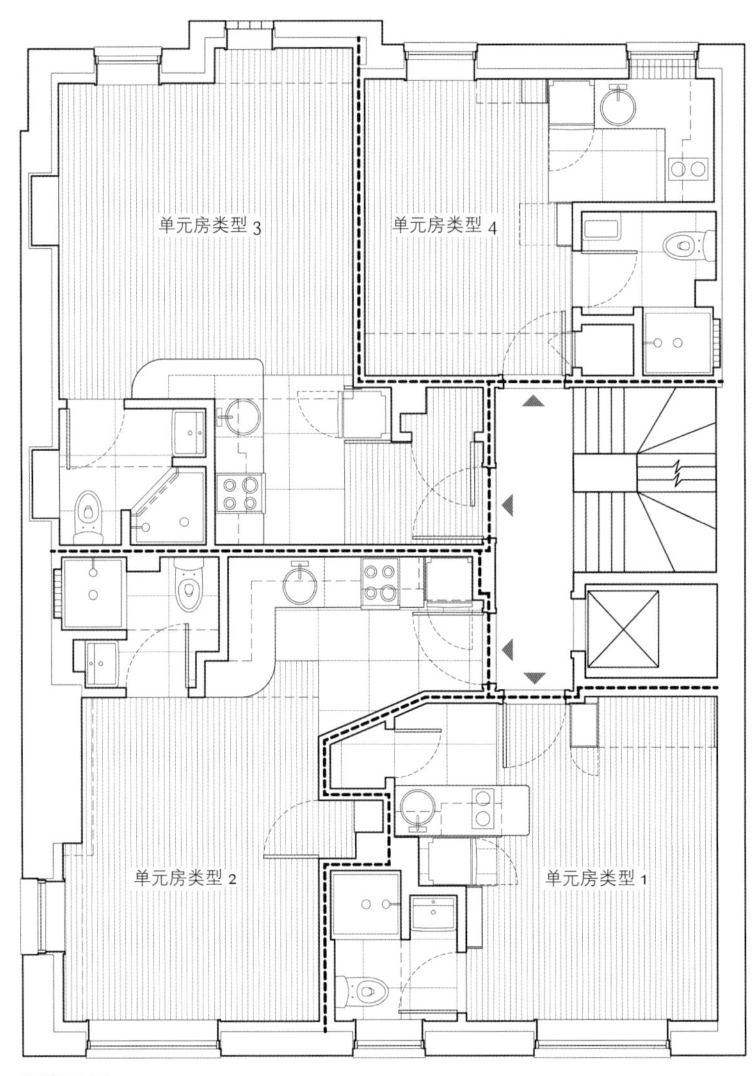

典型平面图

049

墨菲床增加了房间的多功能性。虽然墨菲床也被称为壁床或下拉床，可能看起来是一个相当现代化的概念，但它们早在 20 世纪初就已经被推出。墨菲床在当时的用途和现在一样：基本上是在晚上把在白天用的房间变成卧室，反之亦然。

拆除多年积累的各种装饰涂层后，带有历史感的原始材料被暴露出来。这些材料为新的生活空间提供了丰富的背景。

其中一套较大的单元房有充足的储物间、完整的厨房、舒适的餐厅和客厅，还有一间配备齐全的卫生间，全部集中在一个明亮的开放式空间内，其中最亮眼的是一个复古砖烟囱。

050

为了充分利用可用空间，这套单元房的厨房根据已有建筑的平面图进行改造，优先考虑了功能和效率。

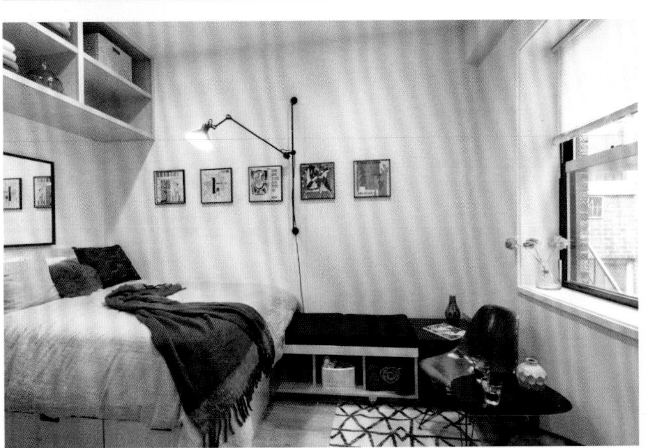

其中一套较小的单元房含有一间紧凑型厨房和大型内嵌式家具，因此能最大限度地提高存储空间。建筑设计师设计了一张定制的拖床，辅以梳妆台和一张带咖啡桌的长椅，下面是储物柜，创造出一个可随时变换的空间。

Compact Apartment

紧凑型公寓

24 m^2

Casa 100

巴西圣保罗市

© 安德烈・莫特蒂

这套公寓是为一位在两座大城市之间奔波的企业家而设计的。平时他在里约热内卢工作，周末在圣保罗度过。开放式规划是要整合客厅和工作区。因为这两个区域的功能重叠，所以不需要在两者之间建立明确的分界线。这种设计充分利用了空间，改善了通风环境，突显了空间的重要性。

一张书桌把休息区和工作区分隔开，但实际上并没有一条严格的物理界线来划分这两个区域。书桌也可以被理解为多功能用途的物件，可以用作厨房的延伸，或者作为娱乐中心。

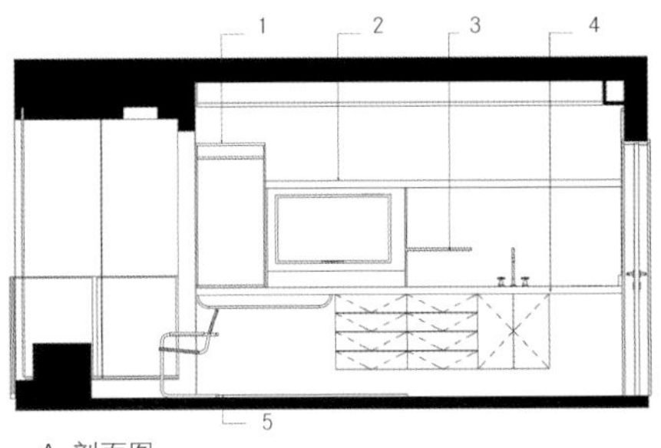

A_1 剖面图

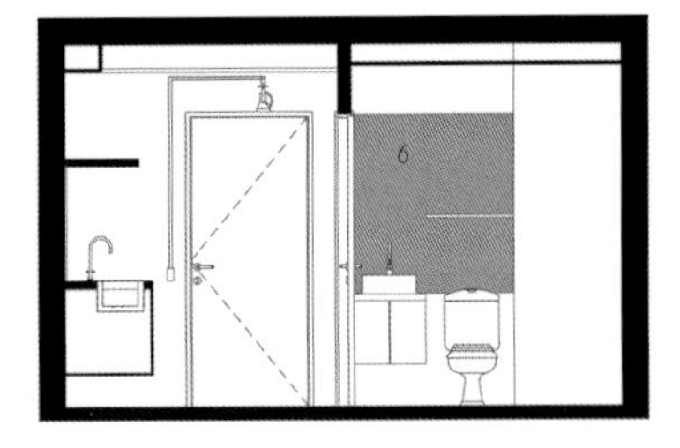

A_3 剖面图

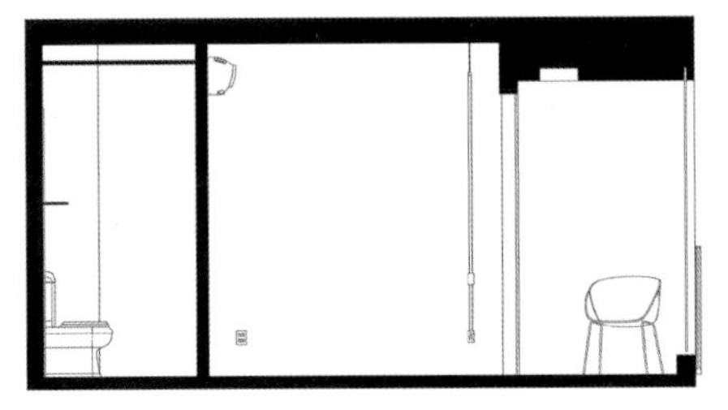

A_2 剖面图

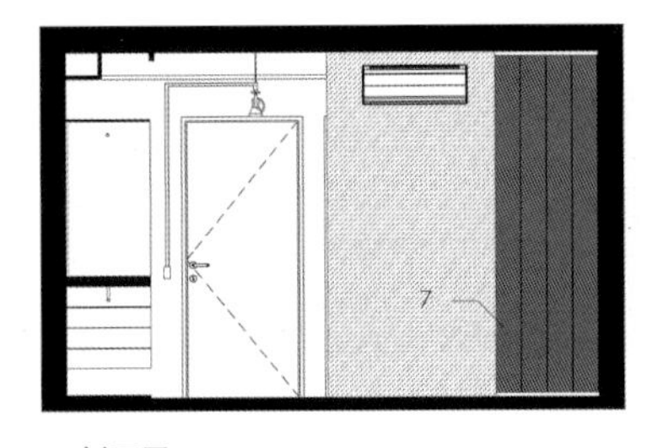

A_4 剖面图

1. 木柜
2. 混凝土架子
3. 中密度纤维板架
4. 混凝土台面
5. 木质平台
6. 镜子
7. 磨砂玻璃

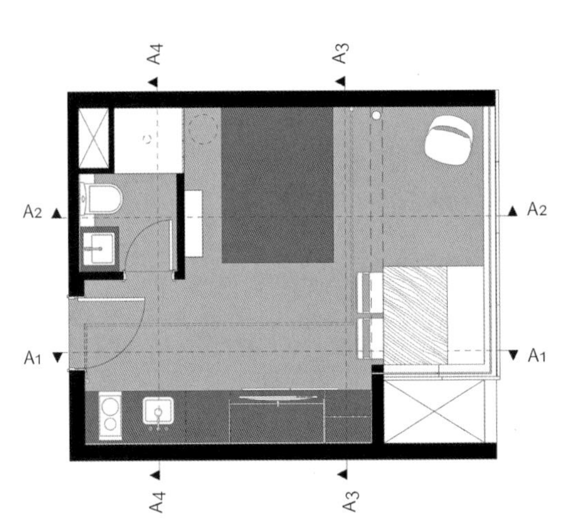

平面图

051

直线型厨房和推拉式金属网墙板是这次改造设计的亮点，制造了视觉焦点。这个区域满足了大部分的功能需求，整合了厨房和存储空间，同时保留了其他空间，以供居住者灵活使用。

052

工作室的阳台足够大，刚好可以放下一张桌子和两张椅子。虽然公寓很小，但风格素净，并配备了适合房主日常使用的多功能家具。

croquis
Tom Kundig Houses 2
1991 2006
DAVID CHIPPERFIELD

Type St. Apartment

Type Street 公寓

35 m^2

蔡氏设计

Tsai Design

⦿ 澳大利亚维多利亚州里士满区

© 泰丝·凯莉摄影社

这套一居室小公寓也可以用作家庭办公室。现有公寓的不足之处是缺乏户外空间和自然采光，天花板高度和厨房使用率低。为了克服这些局限，设计方案是在公寓中嵌入一个木盒子。这个木盒子沿着公寓的其中一侧向内延伸，连接所有的房间，并将公寓从一系列独立房间变为一系列相邻的区域。柔和的用料和色彩搭配出一种简单素雅的感觉，因此不会产生压迫感。

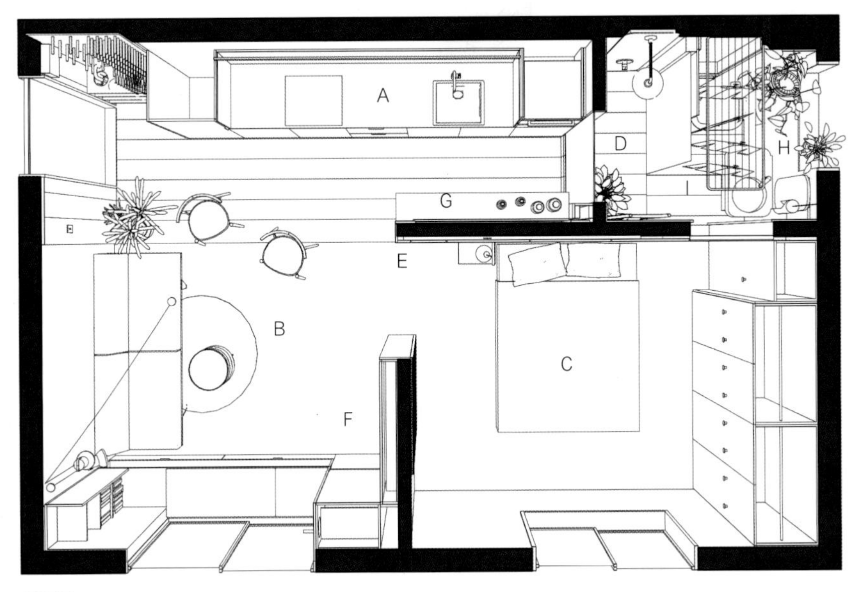

平面图

A. 厨房
B. 客厅
C. 卧室
D. 卫生间
E. 餐厅（可滑动）
F. 书房
G. 吧台
H. 绿色植物墙
I. 晾衣区

为了降低成本，原有的水管设备和大部分墙壁都被保留了下来。推拉门有利于创造相互流通的空间。

清晰的平面规划以及环保的材料、干净的色调有助于营造出令人愉悦的空间感。卧室和客厅的朝东大窗户提供了充足的自然光，更加增强了这种效果。

053

从硬木地板到木柜，以及墙板和天花板，设计师采用统一的木材饰面，创造了空间连续性。

入户玄关旁边的组合墙柜将鞋架、雨伞架、衣钩和酒架整合在一起，这是一种节省空间的终极设计方案。

木盒子是宽敞的生活区的背景，其中包括一间 4 m 长的厨房和集成电器，形成了一个井井有条的高效空间。面朝客厅的一侧有一个全黑的柜台，带有集成水槽和炉子。背对客厅的墙壁上是一排紧凑的开放式和封闭式储物柜，指向通往卫生间的狭窄通道。

055

紧凑的设计配以充足的照明、简单的材料和色彩，可以最大限度地减少小空间的封闭感。

056

厨房充分利用了入口到卫生间之间的通道。

餐桌在不使用时完全隐藏起来，餐椅也可以折叠，尽量减少由家具造成的空间浪费。餐桌平时就藏在储物柜和墙之间的一条狭缝内，它装在滑动门上，随着滑动门一起滑出，然后再拉下来，形成悬空的效果。

057

客厅和卧室之间的滑动门是由半透明的聚碳酸酯制成的，可以保证充足的日光照进室内。

客厅的一角专门用于娱乐和工作。电视屏幕和家庭办公室／书房都隐藏在柜子后面，折叠式办公桌在不使用时则收纳在墙里。

Small Is Big

小即是大

13 m²

希蒙·洪察尔

Szymon Hanczar

波兰弗罗茨瓦夫市

© 耶热西·斯特拉马谢克

希蒙·洪察尔认为，住房首先是能让人居住，其次则是可以存放个人物品的空间。他设计了一套 13 m² 的单室公寓，并在那里住了一年半。洪察尔不想要大公寓，他认为大公寓需要花太多时间去维护和打理。他愿意放弃大房子，换取在市中心的一套小公寓享受城市居民的生活。另一方面，他又不愿意放弃舒适性和功能性。这种冲突促使他开始探索空间和功能的设计方案，以便在小小的生活空间内容纳所有基本家庭功能。

058

高效的空间配置了小厨房、卫生间，夹层为卧室，甚至还有一张吊床。吊床是令人意外的点缀，但却十分受欢迎，随性的布置为房间增添了许多温暖。

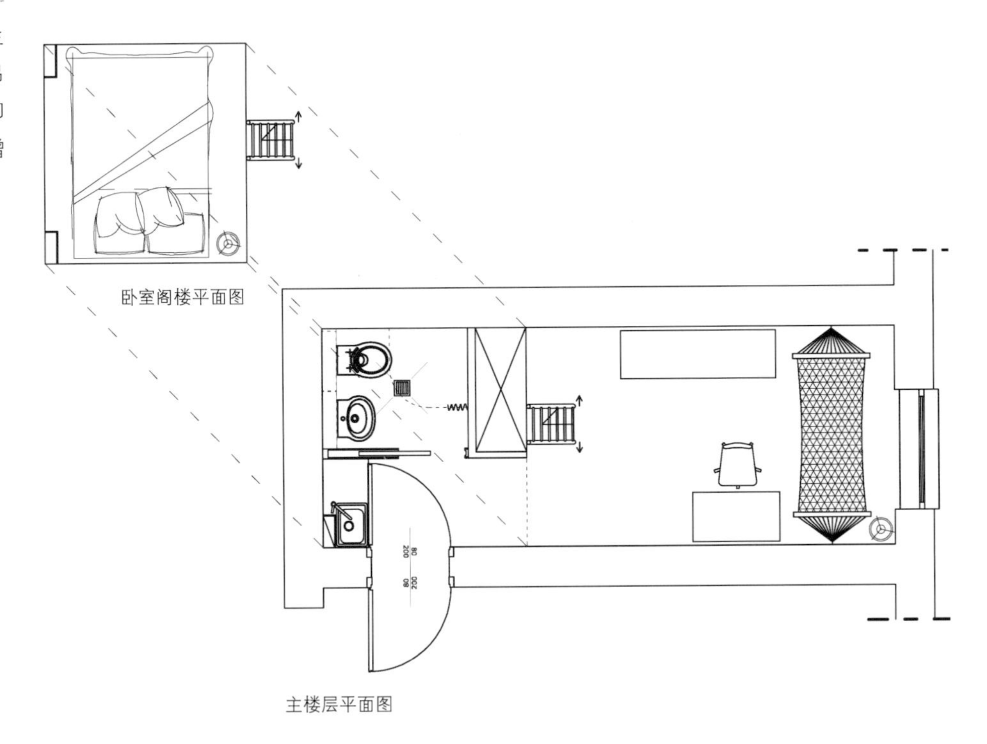

卧室阁楼平面图

主楼层平面图

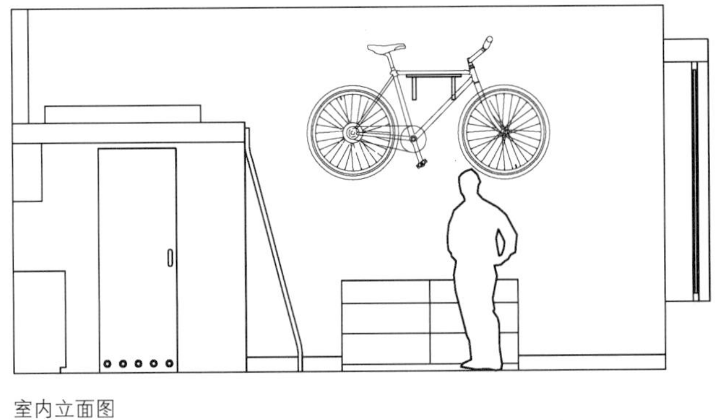

室内立面图

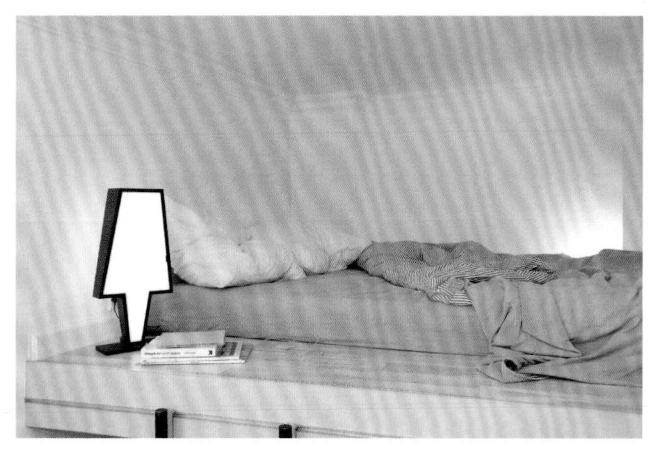

059

唯一比双层床更有趣的是阁楼床。阁楼是舒适的阅读区和休憩区，同时充分利用了下方的可用空间。

060

整个空间明亮且通风。金色的木材使空间变得更加温暖，而各种装饰品则为其增加了色彩和质感。这一切都有助于在空间中营造温馨的氛围。

PAELLA
JOHN CURRIN
ARCHITECTURE NOW

XS House

XS 号小屋

33 m^2

菲比·赛斯沃建筑事务所

Phoebe Sayswow Architects

⚲ 中国

© Hey! Cheese 工作室

这个经济适用的现代住宅通过独特的设计语言，被改造成了一个有条不紊、具有趣味美学的家。菲比·赛斯沃建筑事务所应邀设计一家小型家庭旅馆样房，旨在让其充满大都市智能生活。这套紧凑型公寓采用了开放式设计，并重新划分为三层，充分利用了高天花板的优势。这种配置能够明确划分空间，最大限度地减少了对隔断墙的使用，从而保持整套公寓的通透性。到顶组合储物墙提供了大量开放式和封闭式的储物空间，这面组合储物墙也是一个强有力的设计特色，不但统一了空间，还创造了空间的连续性。

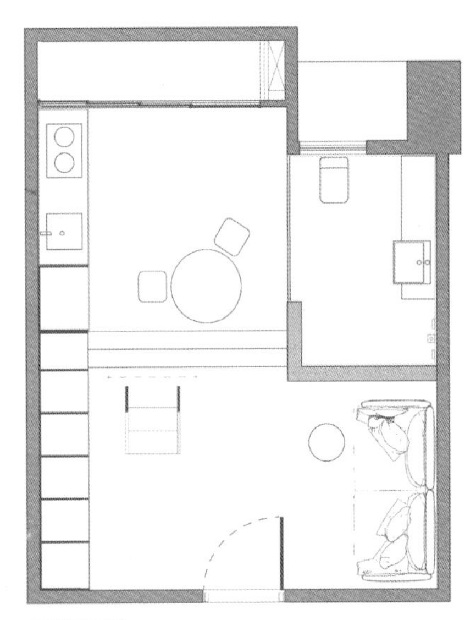

下层平面图

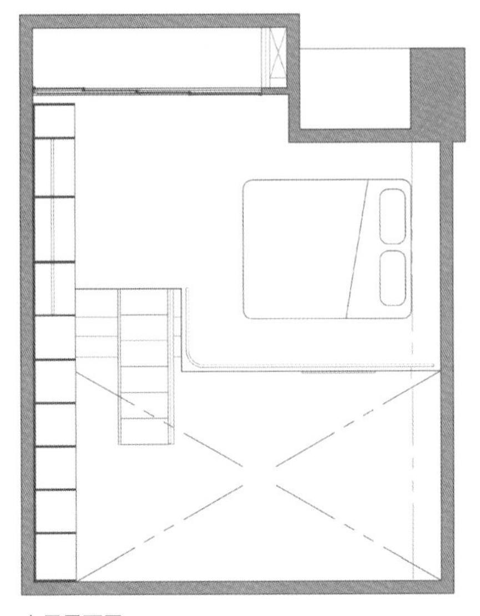

上层平面图

061

该设计通过使用桦木板和带有粉色砖缝的白色釉面瓷砖等材料，传达了一种简洁而精致的视觉语言。

Hockney's Portraits and People
PAELLA

未来的住户可以尽情享受这里宜人的环境。这个三层的空间能同时满足独处或聚会的需要，方便使用者之间进行交流互动。

PAELLA
JOHN CURRIN
ARCHITECTURE NOW

062

上下两层都可以使用这面组合储物墙。移动梯子连接了不同的楼层，同时给人一种俏皮感。

063

桦木板营造出一种温暖的感觉，而白色的釉面瓷砖能够反射光线，在视觉上扩大了空间，使房间更加明亮。

064

在小空间中，滑动门提供了有趣的空间可能性，创造了相互流通的房间。一个房间的建筑材料延续铺设到下一个房间，加强了相邻空间的视觉连续性。

“拉图尔内特（La tournette）”是法国人对剧院和歌剧院中使用的旋转舞台的称呼。这就是疯子建筑事务所改造这间老旧高顶工坊的灵感来源，该工坊用钢和建筑玻璃建成，坐落在巴黎市中心一条安静的街道上。房主夫妇要求设计师设计出一个临时住所，可以根据他们一天中的不同活动而变化。为了回应这一特殊要求，疯子建筑事务所设计了一个雕塑般的可移动储物隔断墙，为空间增加了灵活的多功能配置。

La Tournette

拉图尔内特

30 m^2

疯子建筑事务所

FREAKS Architecture

法国巴黎市

© 戴维·佛塞尔

旧巴黎风格的工坊被改造成一个小而灵活的公寓，可容纳所有的基本生活用品，同时保留了现有空间的原本结构。

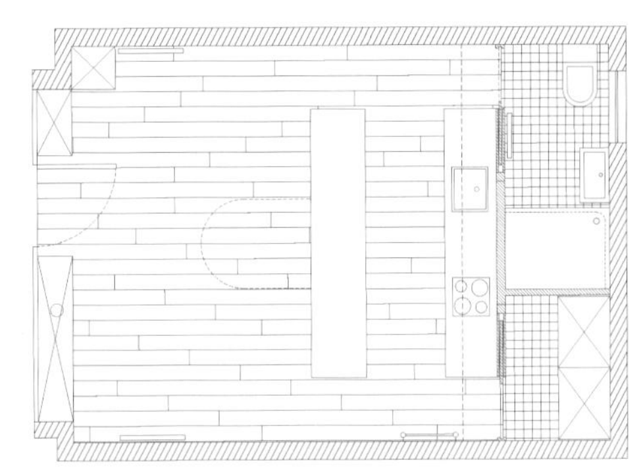

平面图

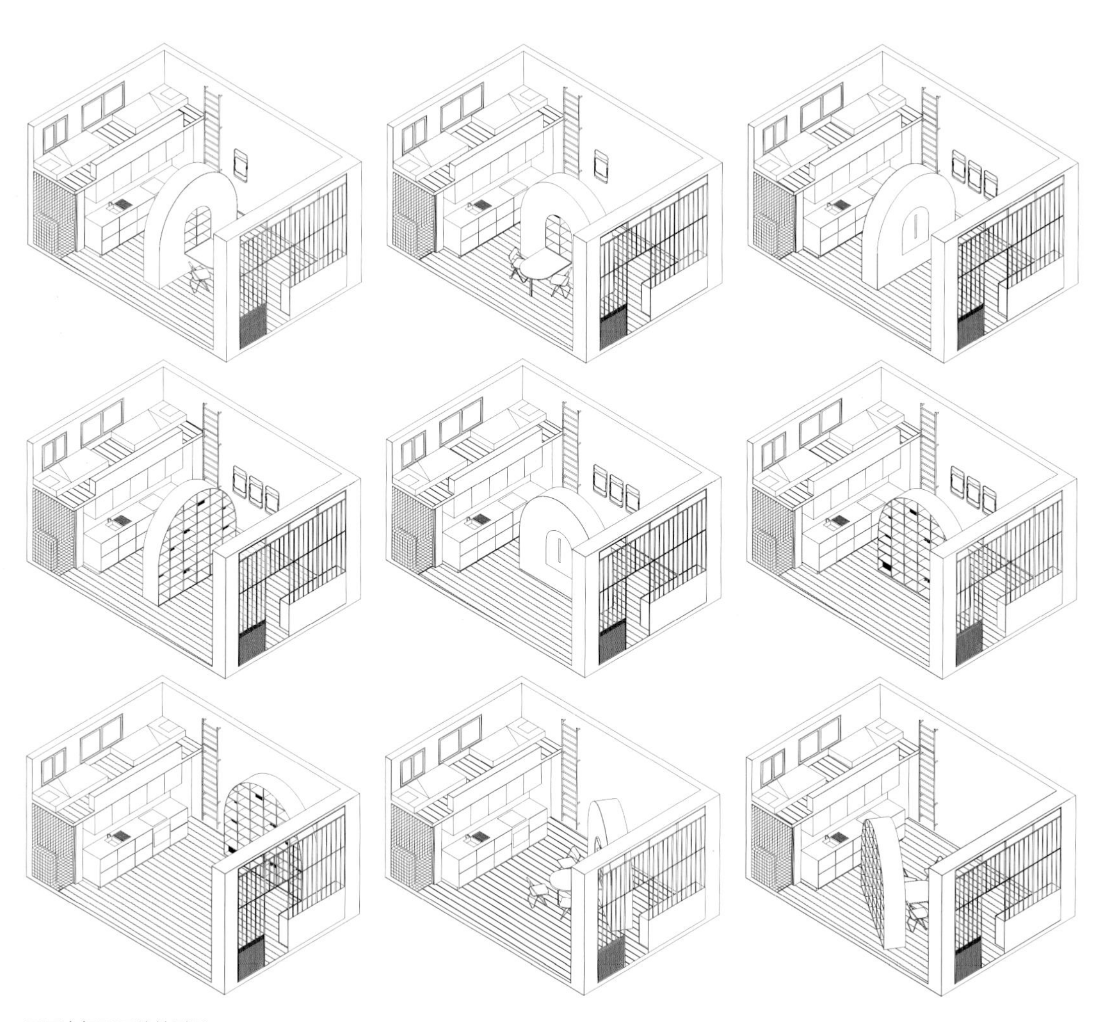

不同空间配置的轴测图

065

可移动的拱形储物隔断墙增加了空间的灵活性，居住者能根据不同的需求来使用空间。

除了隔开厨房和提供储物空间外，这面可移动的储物墙还附有一张折叠桌，放下来后会露出一个敞口，通过它能看到厨房内的布置，还可以把物品传递到对面。

夹层上的卧室提供了足够的空间，能够让人在床上阅读时身体坐直。厨房的后墙延伸到夹层的地面，刚好可以放下床垫，又能在一定程度上保护隐私，同时允许光线从空间前方进入。

066

卫生间往往是家中最小的房间，在设计上面临着更大的挑战。单色的设计方法营造出干净的氛围，避免了视觉混乱，给人带来一种简单和谐的感觉。

is luxury

Is Space Luxury?

空间是一种奢侈吗？

25 m^2

城市公寓的改造从来都是具有挑战性的。建筑和规划法规、社区问题、现有环境、空间限制和成本等因素，通常会影响公寓的设计表现。为了给一对夫妇和他们两个十多岁的女儿提供舒适的生活环境，设计师在 25 m^2 的空间限制内进行了翻新改造，打造出符合他们需求的新空间。

雷纳托·阿里戈

Renato Arrigo

意大利西西里岛

© 玛丽亚·特里萨·富尔纳里

这张床的主要构造是一个通常在帆船上使用的滑轮系统。该系统简单又便宜，不需要维护，实施成本非常低。

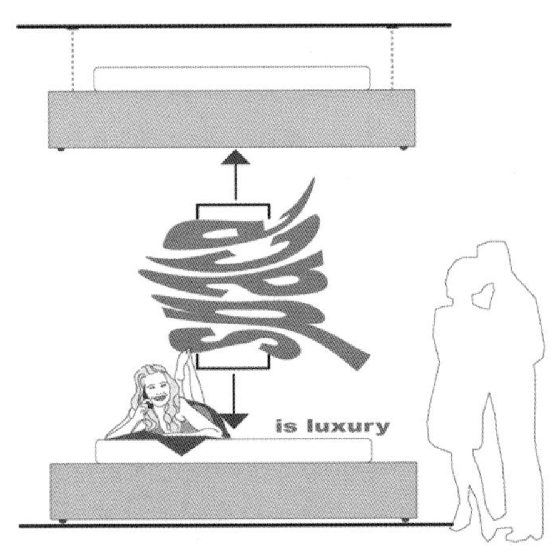

067

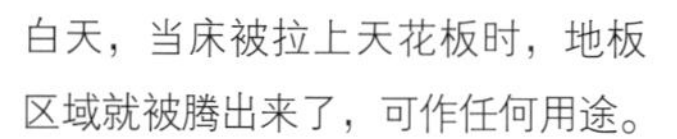

白天，当床被拉上天花板时，地板区域就被腾出来了，可作任何用途。

068

厨房内配备了最基础的设施，整洁有序的外观和公寓其他部分风格保持一致。

公寓的布局基本上是开放式，只有卫生间是独立的空间。该公寓被设定为单室公寓，不同的活动都在同一房间里进行。除了厨房和卫生间，公寓没有为活动设置任何特定区域。相反，空间根据一天的不同活动不断发生变化。

平面图

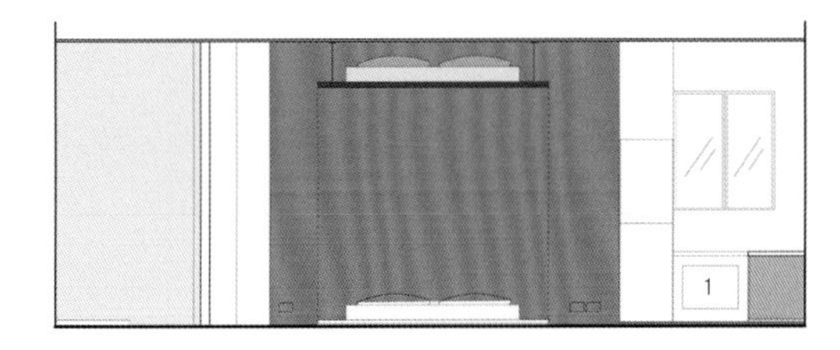

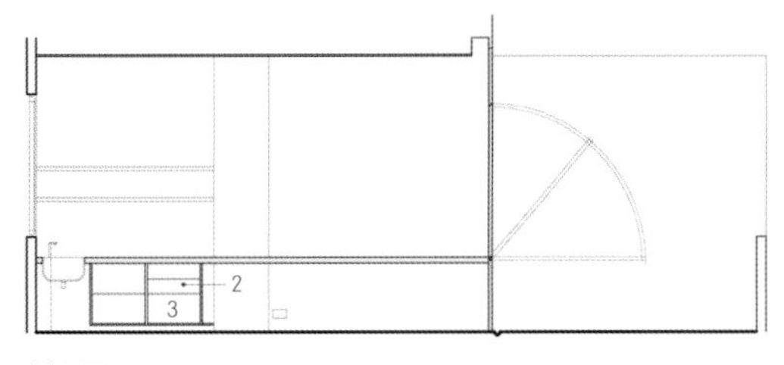

剖面图

1. 烤箱
2. 抽屉
3. 橱柜

069

餐厅的概念被重新定义。作为厨房的延伸，它被沿墙的长柜台取代了。这也许是最明显的例子，说明厨房和餐厅等功能区不需要明确的限制，可以相互借用空间。

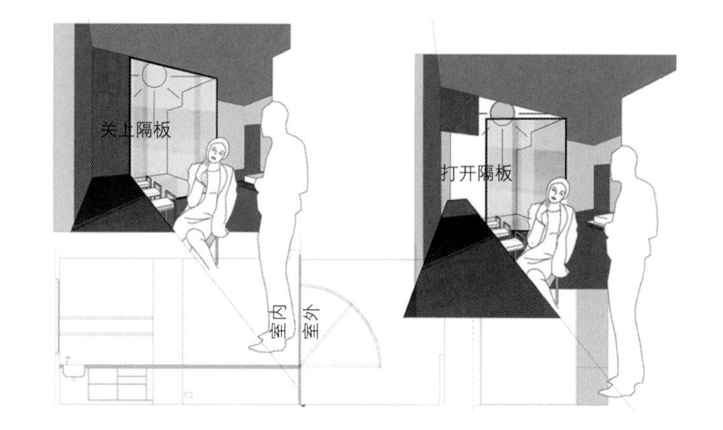

厨房桌子和窗户在打开和关闭状态的示意图

070

空间再次被改造，拆除了室内空间和露台之间的隔板。当露台成为室内空间的一部分时，室内空间便也延伸到了露台。

公寓的这一区域配备了可移动的家具，表达了住宿的临时性。

虽然卫生间是公寓里唯一的独立空间，但其设计风格与公寓的其他部分保持一致。

Montorgueil Apartment

蒙托格伊公寓

$26\ m^2$

Daaa 工作室

Atelier Daaa

⚲ 法国巴黎市

© 伯特兰·芬佩尔

这套微型单室公寓是沿着横纵两条轴线进行规划设计的。轴线界定了模块化布局以及材料和饰面的变化，使所有的分区面积达到最小。这种设计有利于划分出功能不同、界线清晰的区域，最大限度地提高开放感。中央橱柜是改变主要空间功能的关键，它整合了众多日常生活中的家居部件。与此同时，使用空间的变化也改变了公寓的氛围。

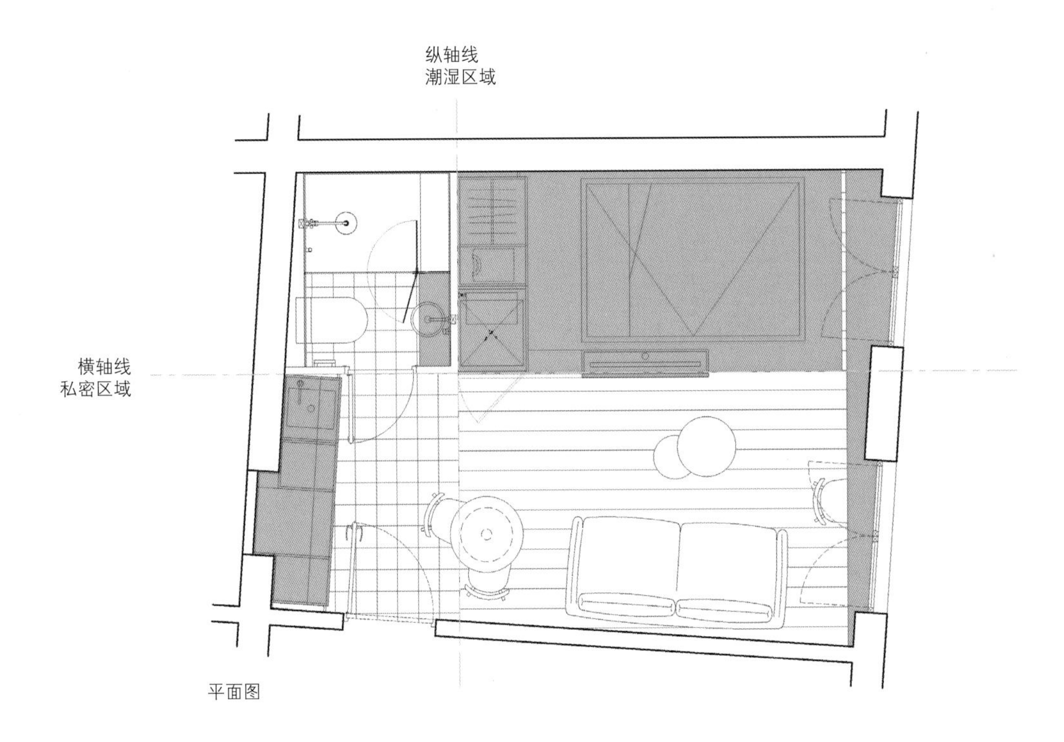

平面图

071

材料的变化可以划分出不同的区域。这种设计元素避免了建立隔断墙的需要，有利于开放式布局。

072

直线型厨房高效地利用了空间，与开放空间配合使用能够促进空气流通及水循环。

具备储物功能的墙面组合柜在划分不同区域中起着关键作用。它能将公寓的某些部分隐藏起来，只露出需要的部分。

床下提供了非常宝贵的储物空间，而床尾的宽窗台可以作为书桌使用。

073

推拉门板能创造不同的视觉效果，展示可隐藏的区域，改变原有空间。推拉门有着平开门不具备的转换空间的能力。

Boneca Apartment

娃娃屋

24 m^2

布拉德 · 斯沃茨建筑事务所

Brad Swartz Architect

⚲ 澳大利亚新南威尔士州瑞西卡特湾

© 汤姆 · 弗格森

这套公寓被业主很贴切地命名为 Boneca，在葡萄牙语中意为“娃娃屋”。公寓的豪华感和精致感远远超过了其实际大小。设计团队在改造这套公寓时，采用了两种互补的设计方案，在公共空间和私人空间之间做了一个互不打扰的隔断，落地推拉式硬木栅栏屏风便是分隔空间的关键装置。超过一半的空间区域内没有任何隔断墙，以便为开放式客厅和餐厅腾出空间。厨房、卧室、卫生间、衣帽间和储物空间就像俄罗斯方块一样，沿着屏风交错排布。

朝南方向的窗户让这间公寓获得了充足的自然光照。

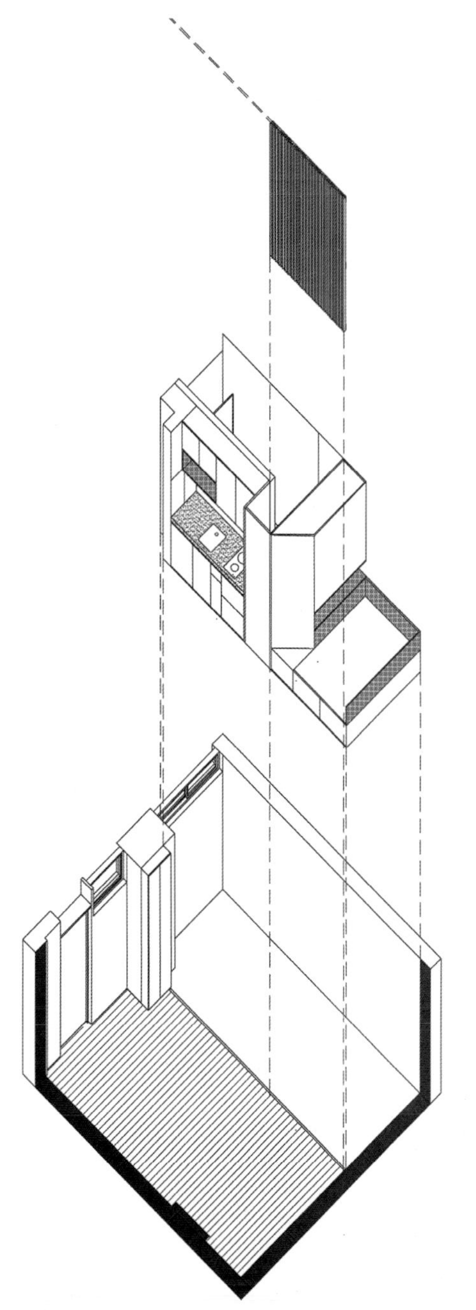

分解轴测图

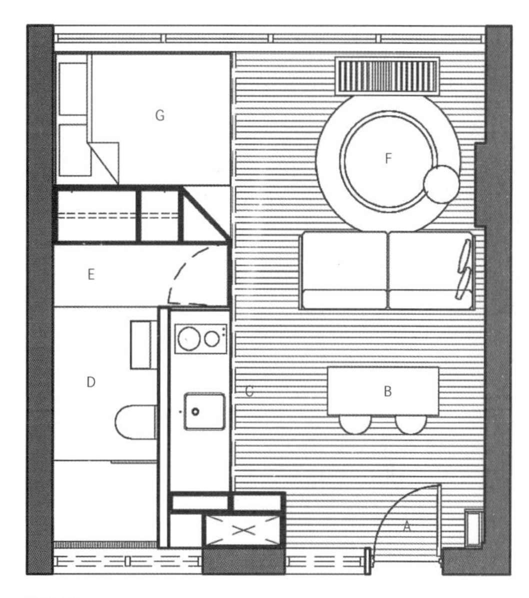

平面图

A. 入口
B. 餐厅
C. 厨房
D. 卫生间
E. 衣帽间
F. 客厅
G. 卧室

1. 木栅栏屏风的位置决定了公寓在不同时候的功能。

2. 公寓的所有功能区——厨房、卫生间、衣帽间——都像俄罗斯方块一样拼在一起。

3. 紧密的核心区域创造出可与小一居室相媲美的生活空间。

2C
KINFOLK

入口的房门正对着一排长条形的窗户。这影响了人们对房间的感知，整个房间也显得更加明亮宽敞。

木栅栏屏风与窗户垂直，既引导居住者从房门进入到公寓中心，又不影响空间的视觉感，室内有足够的自然光线和空气循环。

与屏风相辅相成的是卧室的斜面墙，它拓宽了人们进入公寓时的视野，将窗外的景色尽收眼底。卧室的陈设相当简单，只放得下一张床的下面设有大量储物空间的双人床，床边设有一个内凹的置物架。

074

卫生间和衣帽间相互贯通，实现了无缝衔接，最大限度地利用了空间。

075

卫生间的天花板看似悬浮在窗户上方。隐藏式照明灯照耀着整面瓷砖墙，增强了天花板的悬浮效果。

Atelier_142

142 工作室

45 m^2

威尔达工作室

Atelier Wilda

法国巴黎市

© 戴维・佛塞尔

这个项目是对法国画家皮埃尔・勒梅尔（Pierre Lemaire）的旧工作室进行改造，在巴黎市中心建造一个极简主义的阁楼。室内原有的设计被拆除，只保留了承重墙和屋顶。拆除后的毛坯空间才能让设计师根据客户的需求和生活方式进行填充式设计，创建新的分区。在项目开始时，建筑设计师和客户就新的设计方向达成一致——认为尽可能地保持空间的开放性，最大限度地利用内嵌式家具。

这座小房子的门位于一条铺满鹅卵石的宁静街道上，人们可以通过这扇大门进入房子内。大门通往一个私人铺设的庭院，一栋单层建筑就在其中。它既保有了建筑的私密性，又有可以享受的室外开放空间，弥补了室内面积的不足。

076

天窗提供额外的自然采光。来自天窗和窗户等不同地方的光线为空间提供了均匀的照明，最大限度地减少了强光刺激和光影反差。

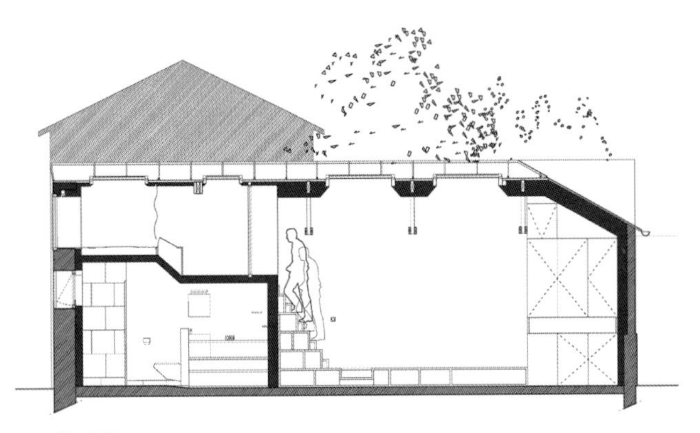

纵剖面

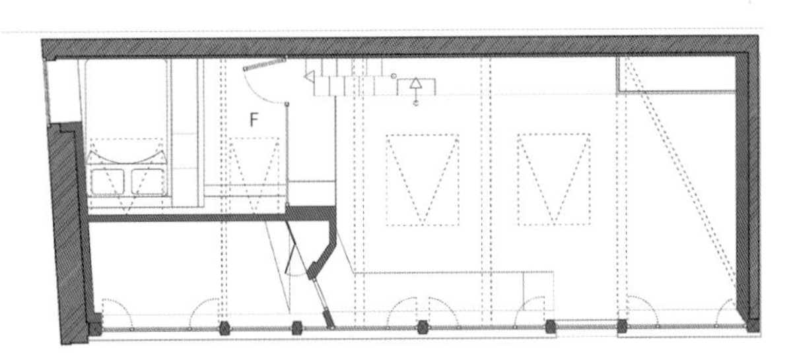

上层平面图

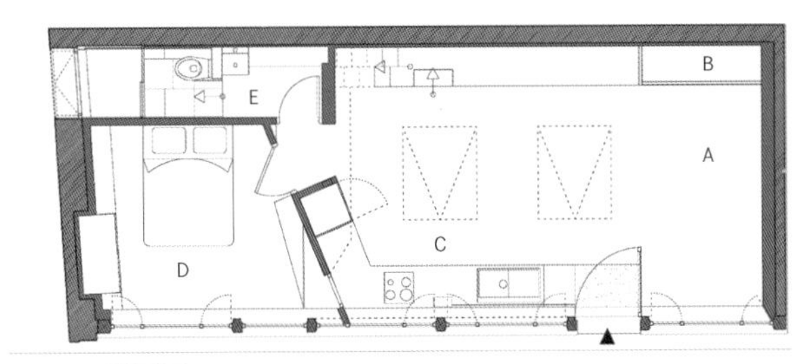

下层平面图

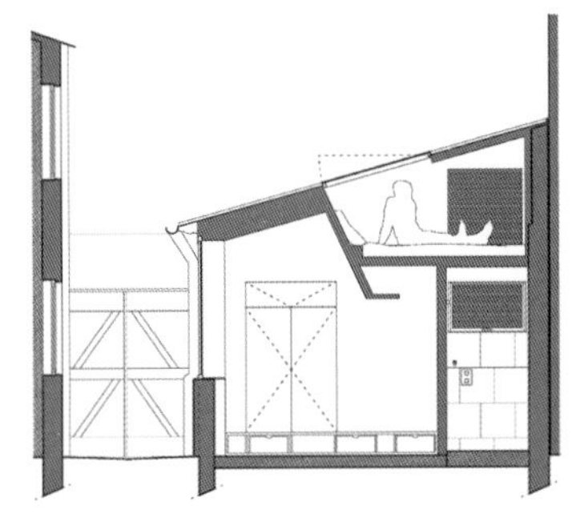

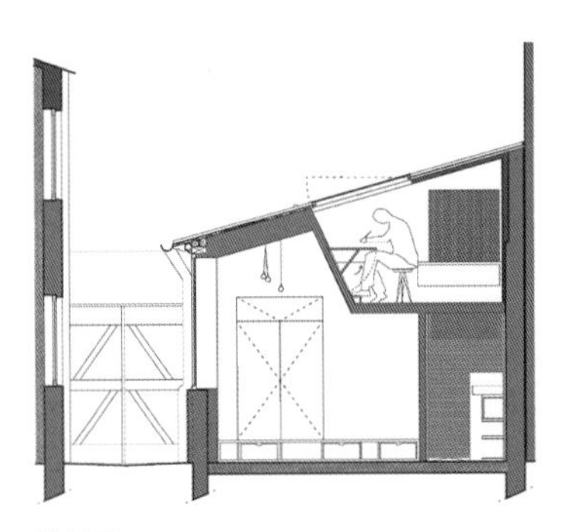

横剖面

A. 客厅
B. 壁橱
C. 厨房
D. 卧室
E. 卫生间
F. 阁楼床和家庭办公室

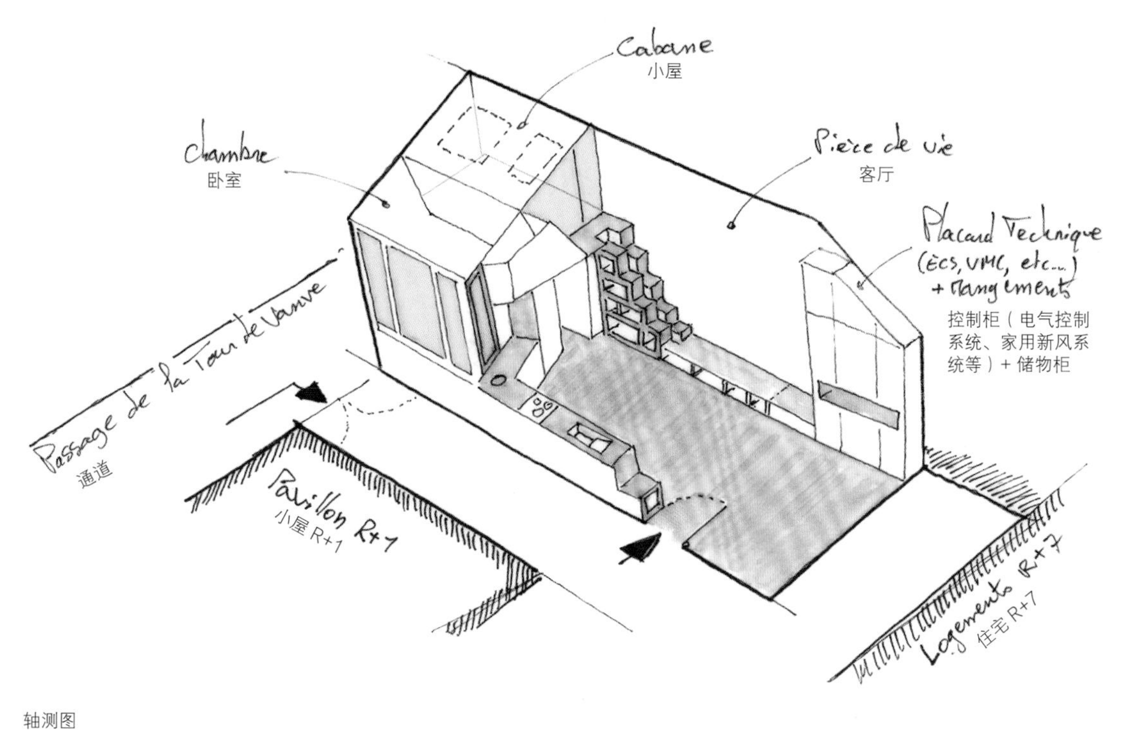

轴测图

保持原有空间的建筑质量是重要的设计目标。设计师尽量使用面积最小的区域，沿着周边墙壁来安排所有的功能部件和家具，最大限度地释放地板面积，才得以实现这个设计目标。

橱柜的阶梯式设计似乎是受到了日式箪笥[1]收纳柜的启发，所有的橱柜均明显地保持在同一水平线上，能引导人们从房间的一端走到另一端。

1 箪笥：日本江户时期的一种箱子，通常是用特殊的技艺将榆树、日本雪松、泡桐等木材连接而成，不加任何五金件，最后涂上一种名为 urushi 的日本漆。箪笥一般用于收银柜或可移动的抽屉柜。

077

简单的色彩和材料，能增强空间感。白色的墙壁、天花板和橱柜，既突出了木的质感，同时让空间变得柔和、温暖。

设计师充分利用了卫生间这块小区域，对其进行了简单的规划布局。高大的元素会阻碍空间的连续性，故没有采用。装有磨砂玻璃的遮阳窗提供了充足的自然光和通风，尽管空间变小了，但卫生间仍是整间屋子里隐秘且宜人的角落。

078

所有的家具都是定制的，其设计精确到最小的细节，这样才能最大限度地提高储藏量，并尽可能地释放出更多的空间。

尽管空间有限，客户仍要求新家有一间客房。面对这一挑战，建筑设计师提议在房屋顶部建造一间阳光明媚的小木屋，它既能容纳一张双人床做休息区域，又能做带储物功能和折叠桌的工作间。

Tiny Hideaways

小户型隐居圣地

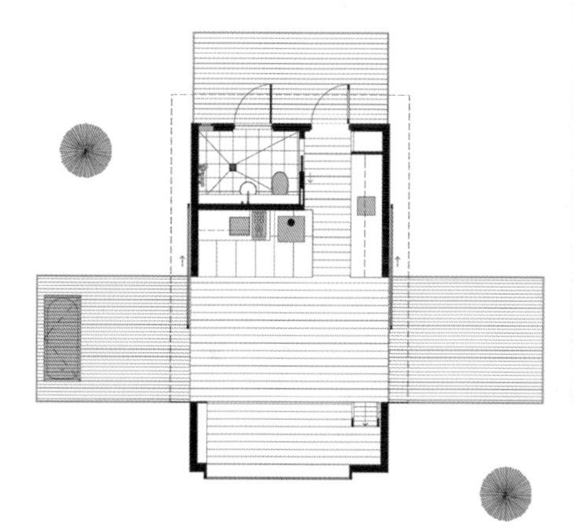

疯子建筑事务所接受了一个小屋翻新的委托案，改造一间建于 20 世纪 50 年代岩石中的 3 m×4 m 混凝土棚屋。由于严格的法国沿海建筑法规，这间棚屋无法改变尺寸和形状，但建筑设计师发现，它的尺寸和比例与美国著名作家亨利・戴维・梭罗（Henry David Thoreau）独居了两年半的瓦尔登湖木屋相仿。他在独居的这段时间内，专注于研究自然和写作，曾在《瓦尔登湖》中写道："只面对生活的基本事实。"这个概念如今在小房子潮流中得以广泛复兴，表达缩小规模并不一定是一种牺牲，这也是项目设计的出发点。

Viking Seaside Summer House

维京海滨避暑别墅

12 m²

疯子建筑事务所

FREAKS Architecture

法国费芒维尔市

© 朱尔斯・库尔图

室内装饰简约大方，主要用黄色勾缝剂拼接白色瓷砖的隔墙作为核心，分隔卫生间和能够睡下两个人的阁楼床。紧凑型厨房与客厅相通，而露台把居住空间延伸到屋外，与迷人的海边粉色花岗岩景观相融合。

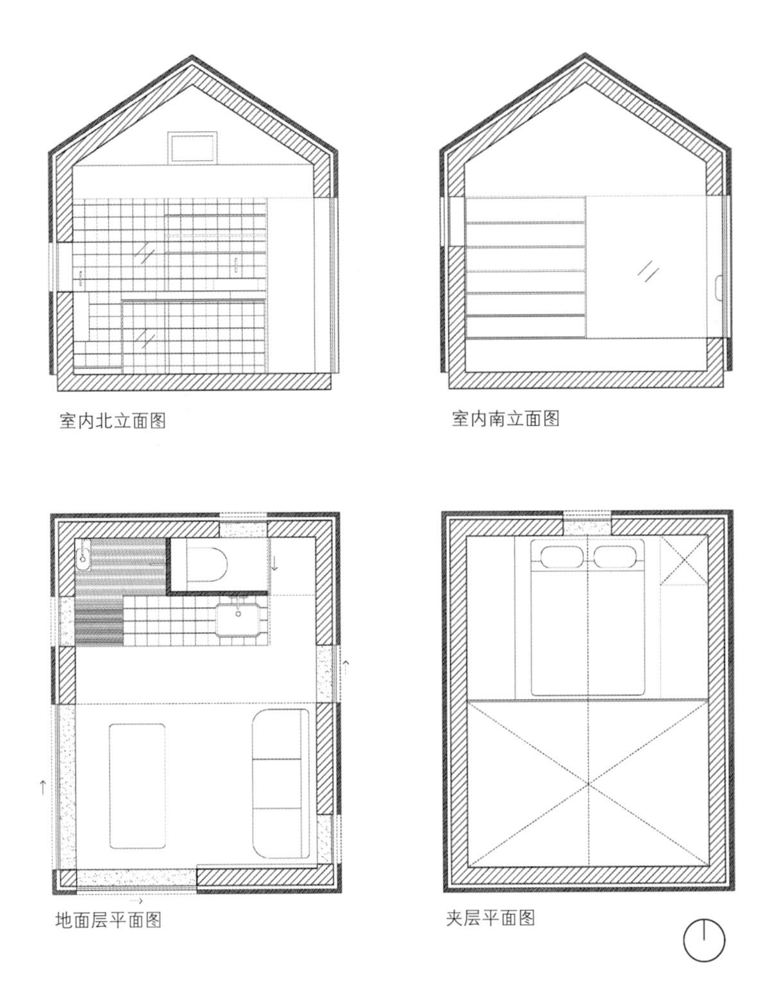

室内北立面图

室内南立面图

地面层平面图

夹层平面图

079

休息区配备了一张沙发和一张可坐8人的桌子。

080

斜屋顶是典型房屋外观的代表。

这座精雕细琢的小木屋位于一片被 0.4 km^2 森林包围的空地上，从字面和隐喻的意义上来说，它都体现了为人们提供暂时远离尘嚣的庇护，探索隐居和重新与大自然建立联系的本质。屋主希望建造一座与她童年时曾住过的传统日式房屋一样的小屋，因此设计既充满屋主对布鲁尼岛的热爱，又符合其文化背景，完美体现了极简主义理念。

Bruny Island Hideaway

布鲁尼岛的世外桃源

28 m^2

马奎尔 + 迪瓦恩建筑事务所

Maguire + Devine Architects

澳大利亚塔斯马尼亚州布鲁尼岛

© 罗伯 · 马韦尔

小木屋的北面是高大的树木和昏暗的森林，从沙发床上可以眺望南面远处的风景，东西两面的露台向外延伸。

081

将室内空间扩展到室外，让人尽情享受露天生活时，小屋的空间限制就变得不重要了。

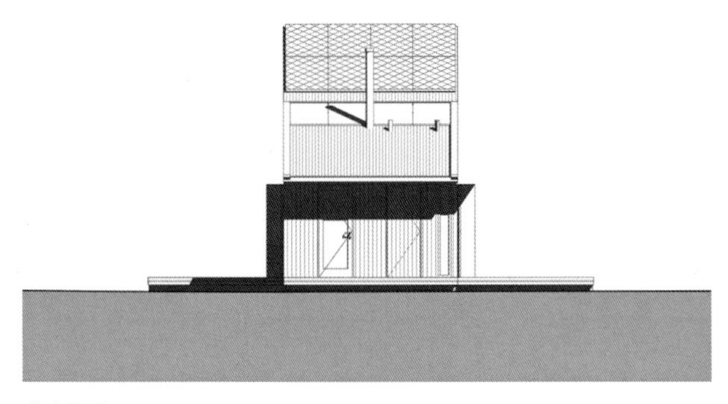

北立面图

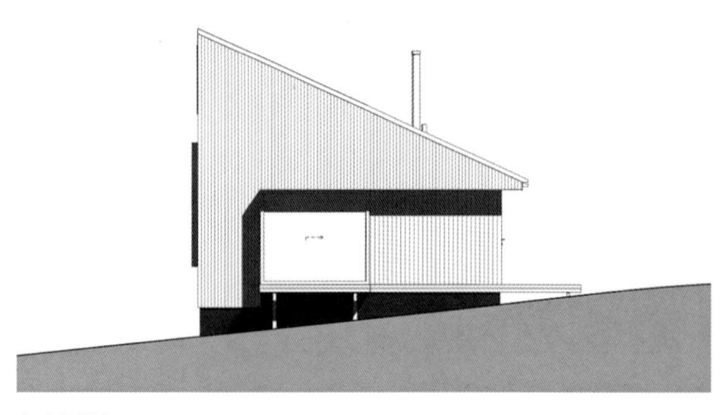

东立面图

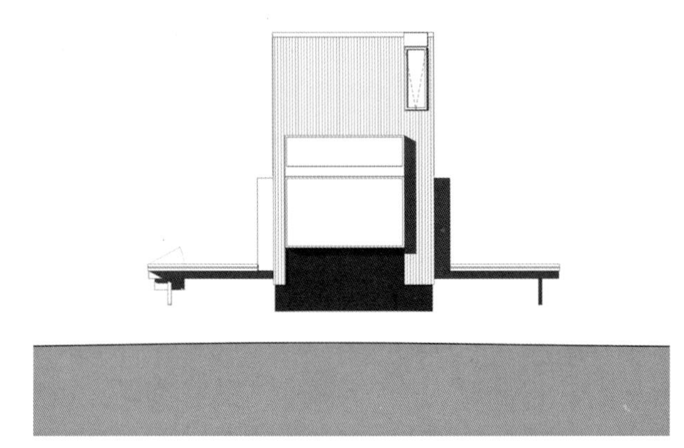

南立面图

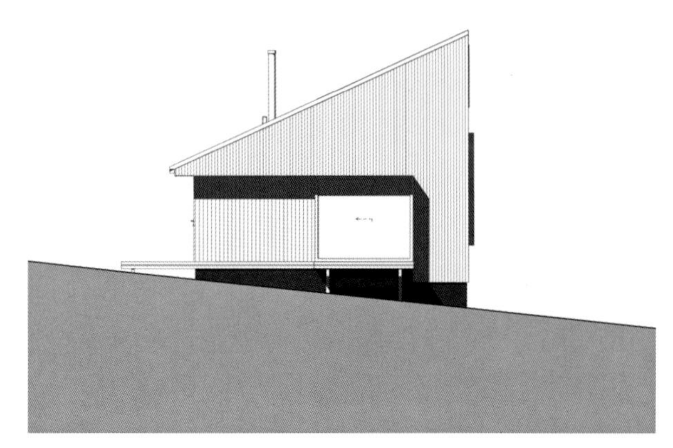

西立面图

高高的屋顶抬高了太阳能电池板和天窗的高度，这样就能获取树木上方的阳光，而金属覆盖的外墙可以抵御恶劣的沿海天气。

082

夹层为小木屋增加了可用面积。住得小并不一定意味着没有舒适的空间。

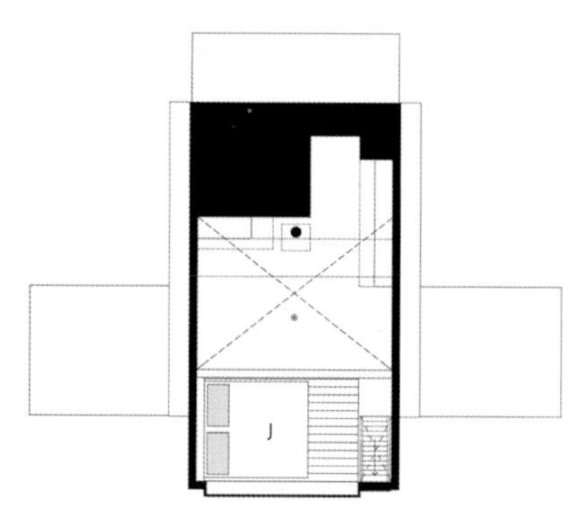

夹层平面图

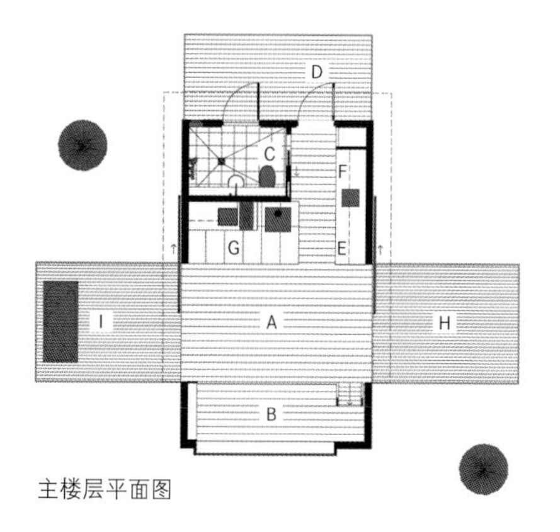

主楼层平面图

A. 客厅
B. 沙发床
C. 卫生间
D. 入口
E. 书房
F. 洗衣房
G. 厨房
H. 早晨的露台
I. 下午的露台
J. 阁楼卧室

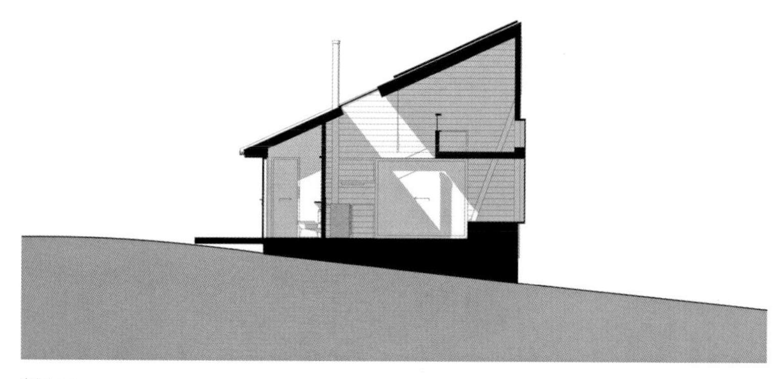

剖面图

多层次的室内空间创造了有趣的空间体验，而宽大的玻璃窗像是把周边景色裱进画框内，进一步拓宽了周围景观视野。在小木屋内的居住体验不受墙壁边界的限制，空间被延伸到了户外，并在室内外环境之间建立了联系，从而满足人们与大自然再度联结的愿望。

室内设计采用了浅色木材，与木屋粗糙的外墙形成鲜明的对比，营造出一种温暖、舒适的包围感。这种设计参考了日本建筑和世界各地的偏远荒野木屋，居住其中能够唤起人们心中的疏离感和遁世感。

083

镜子是一个让空间视野更开阔的好方法，利用其反射效果能让房间看起来比实际更大。

Knapphullet

克纳普胡勒

30 m^2

伦德·哈格姆

Lund Hagem

挪威桑讷菲尤尔市

© 伊瓦尔·卡瓦尔、金·穆勒、卢克·海斯

克纳普胡勒是一栋现有度假屋的附属建筑，以令人惊叹的挪威沿海景观为背景。为了防风，这个隐蔽的小房子被夹在巨大岩石之间，周围环绕着低矮的植被，只能乘船或步行穿过一片茂密的森林才能进入建筑内。它的设计初衷是为了与周围景观的粗糙美相呼应，因此它具有独特的建筑外观：带有台阶式坡道的观景屋顶包裹着这个狭小的住所。这间秘密小屋拥有紧凑的开放式平面布局，其朝向能够充分利用自然光，并把空间延伸到户外区域。它被认为是享受好天气的绝佳聚会之地。

084

这座按比例建造的建筑与周围环境完美融合。

虽然从房子里看外面的视野相对有限，但在屋顶露台上却能够欣赏到叹为观止的海岸风貌。反过来说，从房子里面看，视野会聚焦在周边景观的细节上，比如岩石表面的纹理，以及植被的季节性变化等。

虽然建筑占地面积不大，但却垂直向上扩建成四层高的空间，包括屋顶露台。沿着一条长长的木板过道进入建筑内部，可以看到里面有一个由建筑和岩石共同构成的隐蔽中庭。

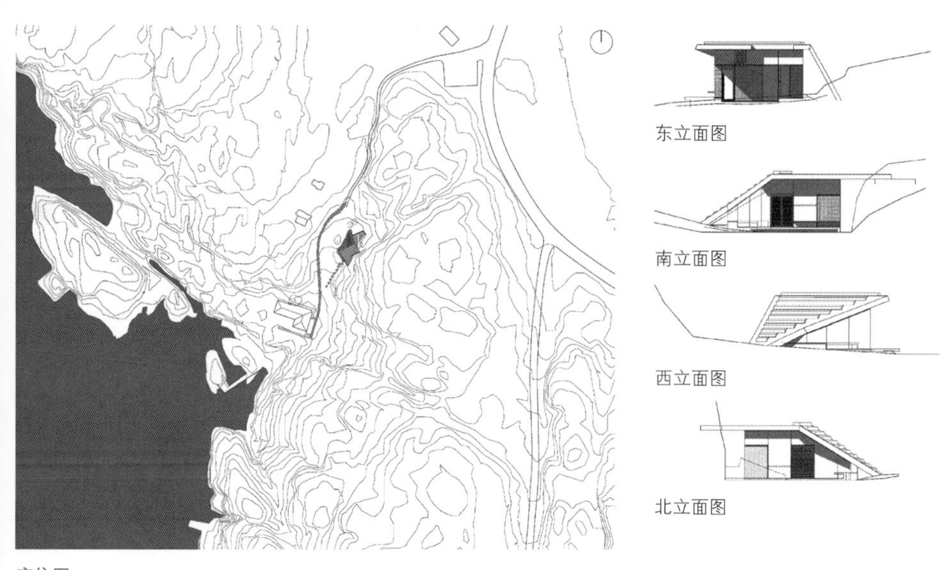

东立面图

南立面图

西立面图

北立面图

定位图

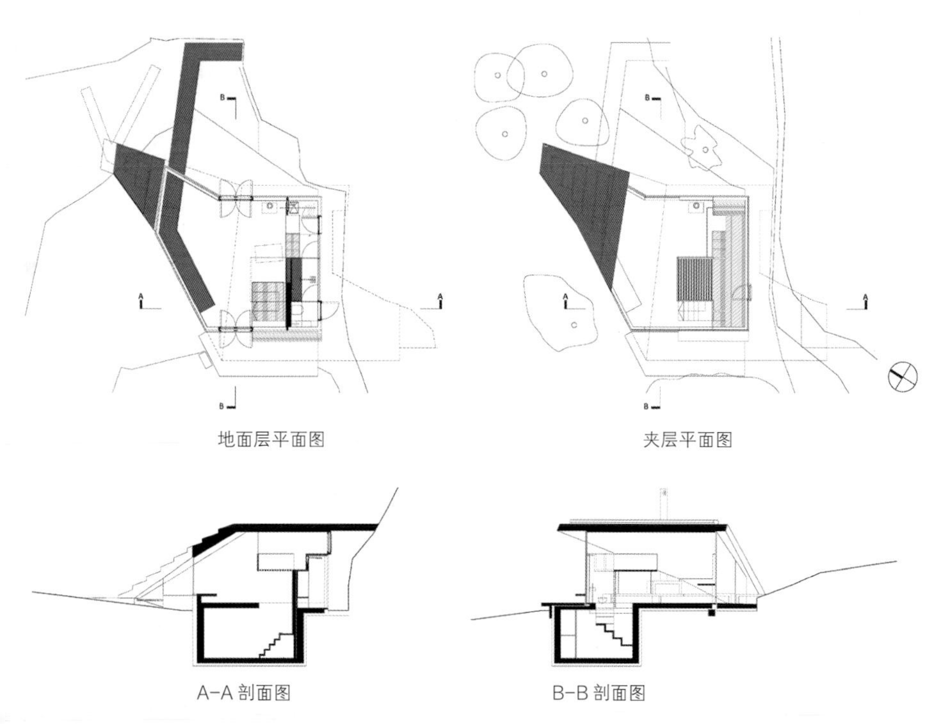

地面层平面图

夹层平面图

A-A 剖面图

B-B 剖面图

朝东的中庭能够接收清晨的阳光，而朝西的天台则能沐浴在夕阳之中。天窗进一步利用了夏季漫长的日照时间。屋顶正靠在一块岩石上，能让日光倾泻到入户玄关和卫生间内。

085

长长的混凝土长凳和地板从室内延伸到室外，体现了旨在尽量模糊室内外分区的设计方案。

尽管尺寸缩小了，但克纳普胡勒包含一个开放式居住空间，里面有一间小卫生间和一张可容纳两人的阁楼床。得益于宽大的玻璃窗，室内并不会让人感到局促，而且通风良好，可以欣赏到北欧沿海景观。

“卡尔皮内托山间小屋”是“Archistart（www.archistart.net）”在 2015 年为学生和年轻建筑师举办的建筑竞赛。该赛事旨在提高意大利中部勒平山的旅游吸引力。其中一个主要的设计目标是通过改造位于主要徒步路线上的一系列避难小屋，来表现该地区的文化特征和地理特征。比赛的获胜项目是由尼奥基 + 丹尼希建筑事务所设计的项目，他们对古老传统的山间避难小屋进行现代化演绎，展现了当代的建筑特征和空间品质。

Carpineto Mountain Refuge

卡尔皮内托山间小屋

20 m^2

尼奥基 + 丹尼希建筑事务所

Gnocchi+Danesi Architects

意大利罗马市

© 尼奥基 + 丹尼希建筑事务所

无论是在材料的选择上，还是在被动能源系统和主动能源系统的使用上，该小屋的设计都考虑到了可持续性。利用当代建筑原则，设计师使用了经典样式来设计这间小屋。

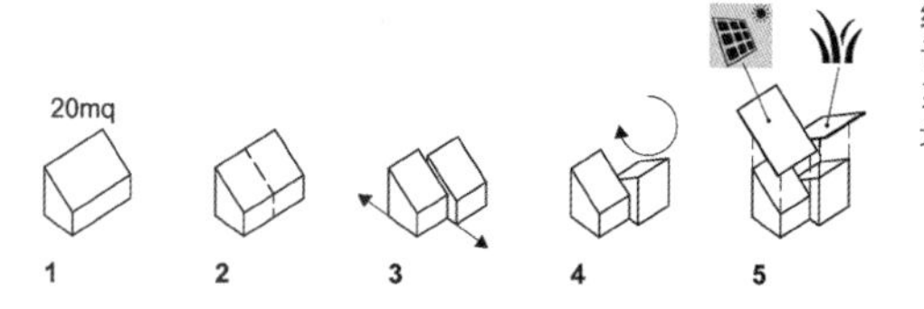

结构
设计师设计了预制的木结构系统，方便在难以进入的场地上施工。

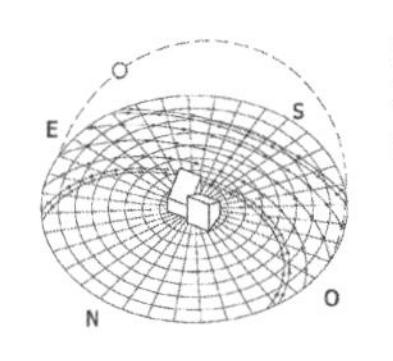

外墙覆盖层
其中一个组件是带有光伏电池板的屋顶。

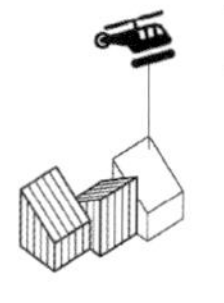

可扩展性
每个组件都有独立的结构，允许自由配置和扩展。

水
小屋配备了雨水收集系统。

概念图

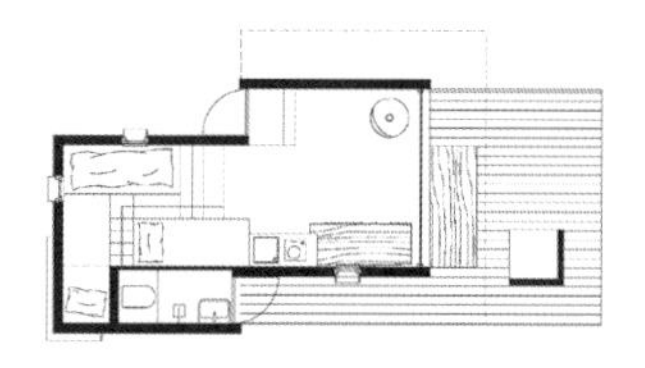

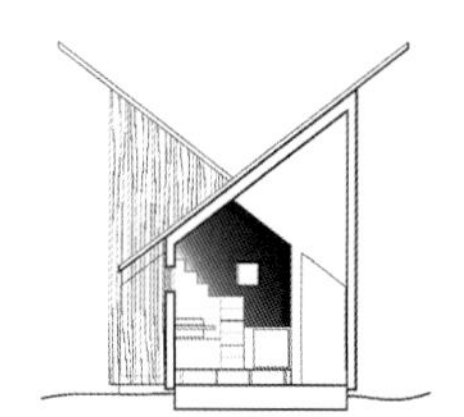

平面图和立面图

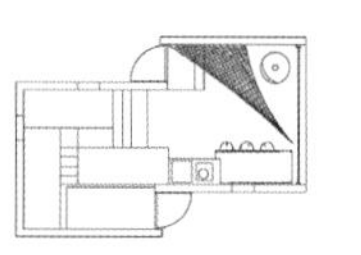

休闲

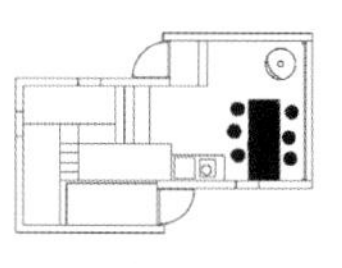

六人用餐

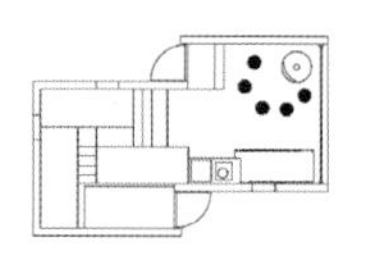

餐后

不同的布局配置能让住户根据不同的需求来管理空间。

布局备选方案

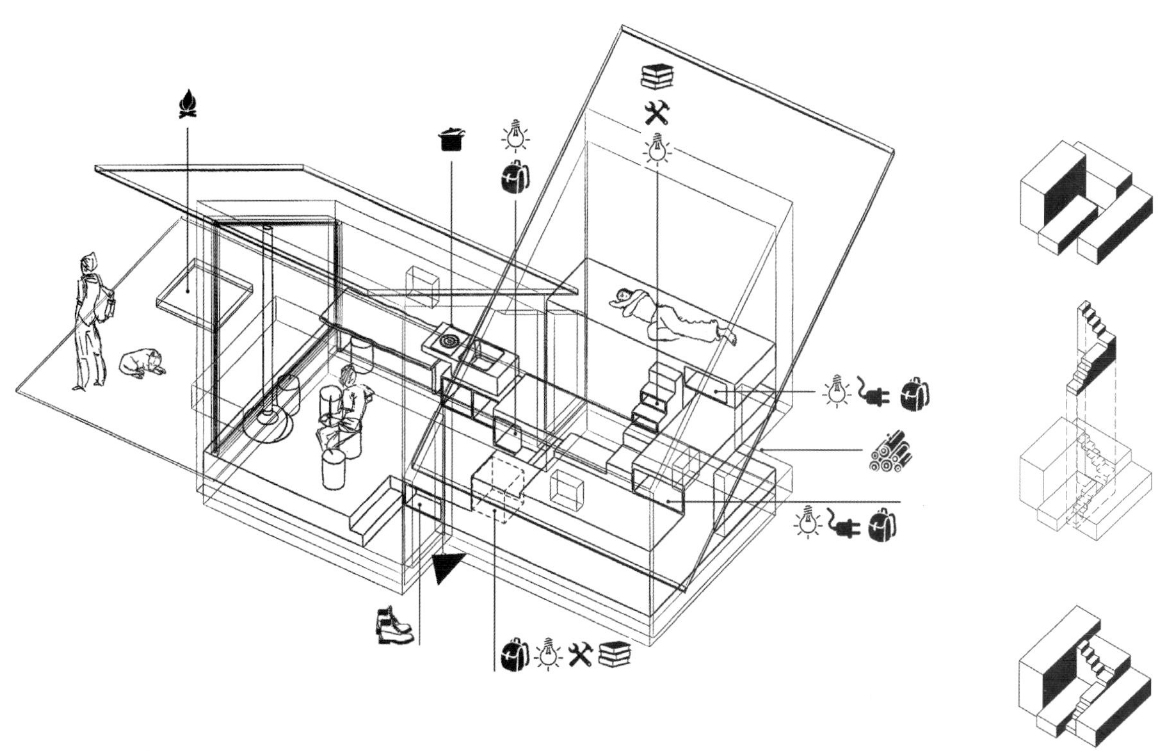

空间图

086

每个人都有各自的空间。室内设计充分利用了有限的区域，创造出一个舒适的空间。

087

这个山间避难小屋的质朴魅力营造出一种独特的氛围，强烈地刺激了居住者的度假体验。

088

这间小屋提供了舒适的住宿环境，充满了古色古香的魅力和温暖友好的氛围。

客户要求泰勒建筑事务所设计一套“微型房子”，或称“爱情小屋”，作为她和丈夫结婚二十周年纪念日的惊喜礼物。客户希望小屋符合当代美学，且有高效利用的空间。室内使用透明的胶合板，再搭配使用不同的材料、纹理和图案，统一了整个空间的装饰风格。

Thurso Bay Love Shack

瑟索湾爱情小屋

30 m^2

泰勒建筑事务所

Taylored Architecture

美国纽约州磨刀石岛

© 埃里克·萨尔斯伯里

立缝屋顶向下包裹着建筑的后外墙，而面向圣劳伦斯河的大窗户和门将屋外的景色尽收眼底。

089

为了优化自然采光、通风和视野，房屋的位置和朝向是决定窗户位置和大小的关键。窗户不仅能影响室内设计，还影响着居住者对空间的感知。

东北视图

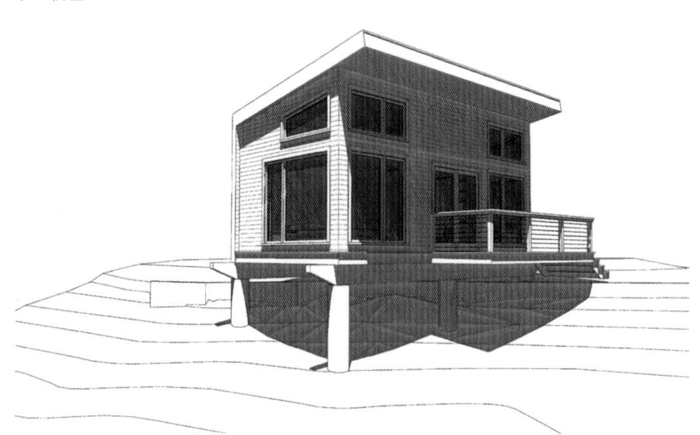

东南视图

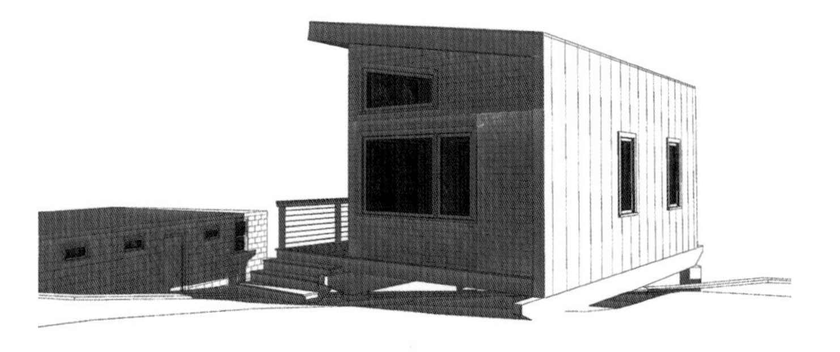

西北视图

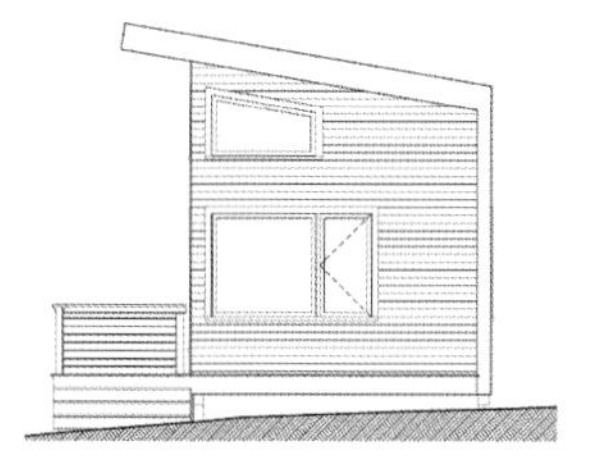
北立面图

东立面图

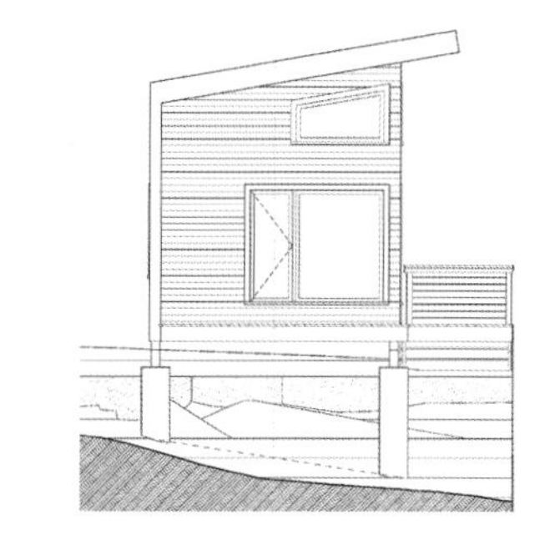
南立面图

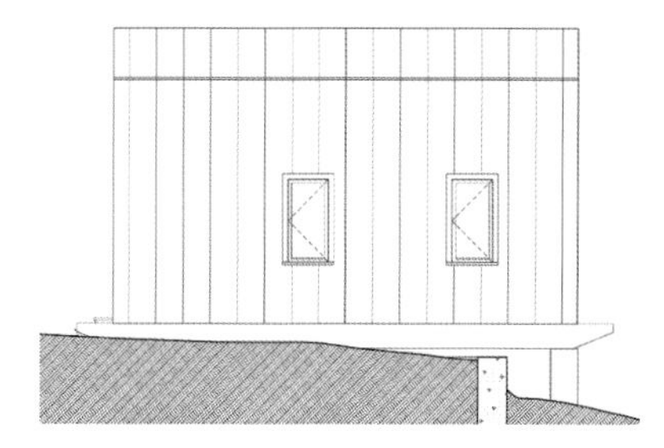
西立面图

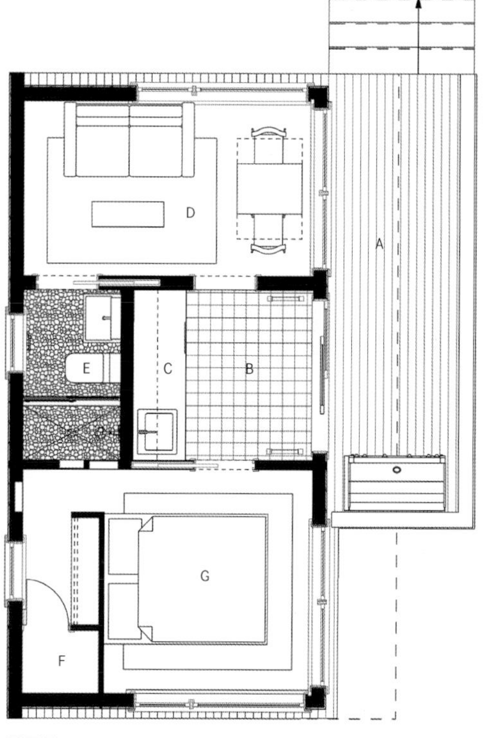

平面图

A. 木质平台
B. 门厅
C. 小厨房
D. 客厅 / 餐厅
E. 卫生间
F. 公用设施
G. 卧室

“爱情小屋”的主房间有大窗户，能让充足的自然光照射进来，在视觉上将室内与室外打通。由于地面采用了硬木地板，墙壁和天花板采用了胶合板，使这个明亮的空间看起来舒适而温暖。主房间内家具稀少，但有一面由不同颜色的木板制成的蒙德里安（Mondrian）[1] 风格装饰墙。

---

1 皮特·蒙德里安（1872—1944），荷兰画家，主张几何抽象绘画形式。

鲜艳的色彩、不同的纹理和图案使这间小木屋充满活力，让小木屋的每个区域都拥有自己的特色，同时把各区域连接起来。

090

在小空间里必须小心谨慎地使用鲜艳的色彩和纹理，若是过度使用会让人无所适从。但是，它们全部可以与中性的颜色或材料混合在一起，在视觉上连接相邻的区域，创造出和谐的平衡感。

卫生间是另一种色彩、纹理和图案的展示空间。虽然面积缩小了，但墙壁上的深色块状图案拼贴瓷砖、鹅卵石地面和胶合板天花板依旧完美地融合在了一起。这种组合营造了干净而温暖的氛围。

橡木小屋把精致的北欧设计与传统建筑工艺结合起来，创造了一个新的环境，使居住者重新享受到居住在小木屋的简单快乐。橡木小屋被认为是一种可持续住宅，不但适合建于乡村，也适合建在城市花园的尽头。麦凯尔维曾接受过造船培训，并在家具行业工作过，之后于 2015 年，他在自己的农场建立了“走出山谷”公司。麦凯尔维说:“我一直对小型建筑感兴趣，在我建造了我的第一间小木屋后，显而易见，市场需要我的手艺。”

Oak Cabin

橡木小屋

24 m^2

鲁珀特 · 麦凯尔维 / 走出山谷

Rupert McKelvie/

Out of the Valley

英国德文郡

© 鲁珀特 · 麦凯尔维

烧焦的木材拥有深色的外表，使建筑能够与繁茂的树影融为一体。而室内的厨房、家具和镶板均被刷成灰白色，与室外形成了鲜明的对比。

24 m^2
（+6 m^2 的夹层）

6.7 m×3.7 m，
（高 4.3m）

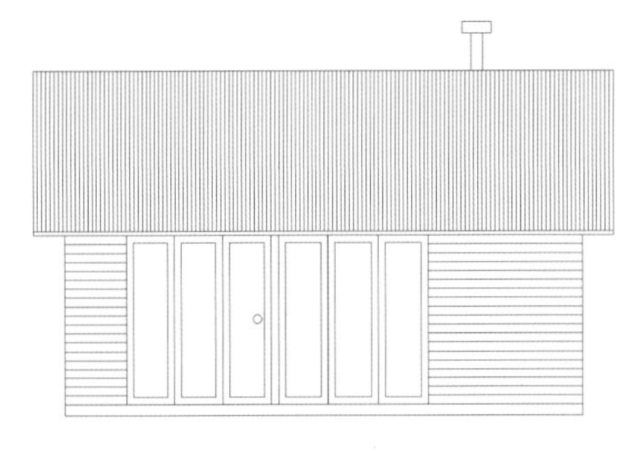

正立面图

剖面图

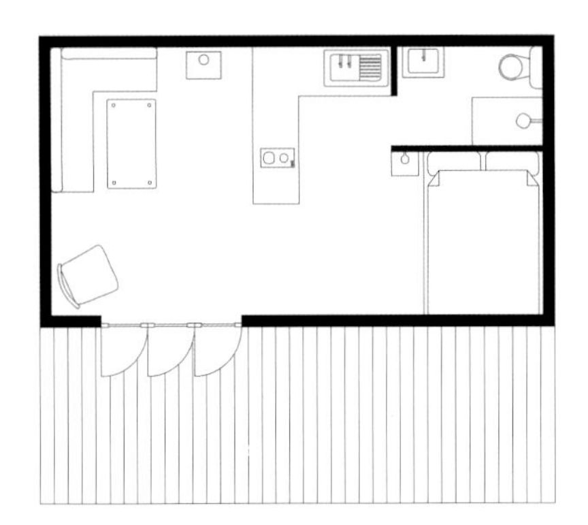

平面图

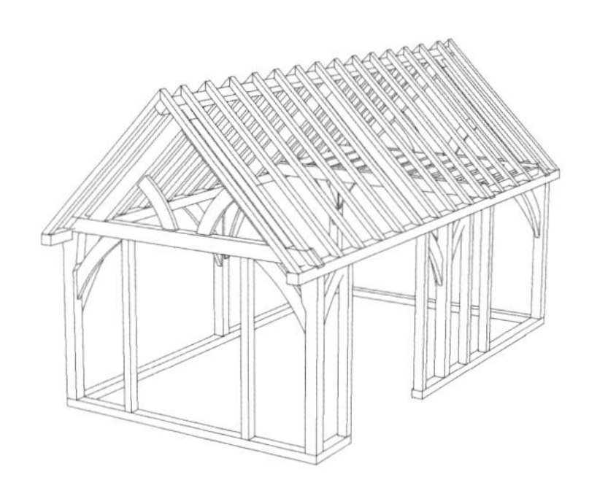

建筑框架轴测图

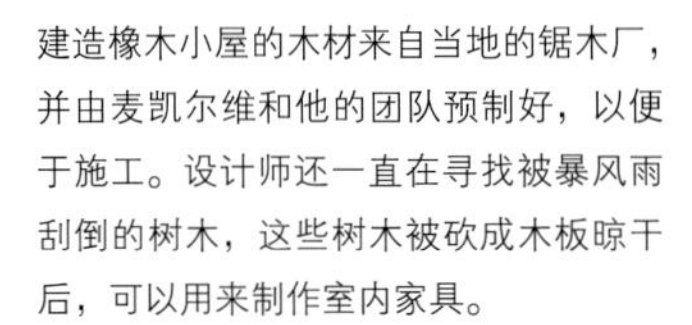

建造橡木小屋的木材来自当地的锯木厂，并由麦凯尔维和他的团队预制好，以便于施工。设计师还一直在寻找被暴风雨刮倒的树木，这些树木被砍成木板晾干后，可以用来制作室内家具。

091

橡木小屋将传统的木结构建筑方法与现代细节相结合，采用了传统的桁架结构，只需两天就可以搭建起来。

092

烧木柴的壁炉可以为整间小屋供暖，屋顶的太阳能光伏板则能发电照明，为对流烤箱供电。橡木小屋还连接了供水系统，为厨房和卫生间供水。

093

小屋的厨房家具和墙面嵌板均由粉刷成灰白色的梣木制成，并采用了橡木地板，以及天然亚麻籽漆的双折门和窗户。

Inverness Bathhouse

因弗内斯浴室房

24 m^2

理查森建筑事务所

Richardson Architects

美国加利福尼亚州雷斯岬

© 杰夫・扎鲁巴

每年的家庭夏令营都要容纳一大群孩子，这座小型建筑因此被设计出来。该建筑坐落在农场建筑群中，与周围的奶牛牧场环境融为一体。这座浴室房为附近的帐篷平台和休息点提供了温馨舒适的设施。它的设计理念包含了有趣、异想天开、实用的特点，并将乡村特质体现得淋漓尽致。

094

门廊在建筑的两侧，创造了隐蔽的室外空间，室内空间亦可以由此延伸出去。门廊和露台是一种难得的奢侈品，将小空间的生活质量提升到另一个层次。

使用了非腐蚀性和耐磨性的材料，包括镀锌金属板、刷漆胶合板、中密度覆盖板、密封板和板条壁板等。

侧立面图

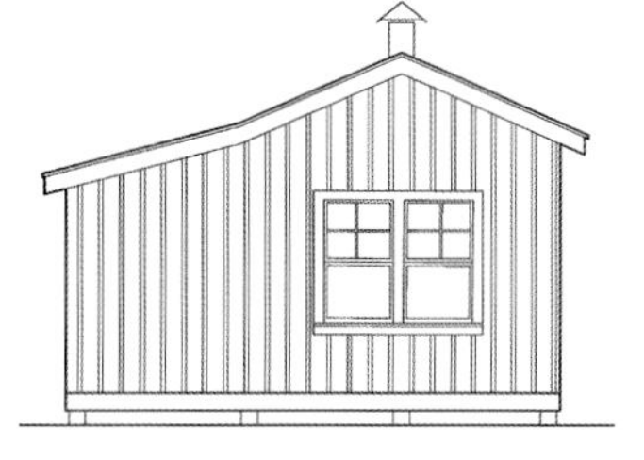
后立面图

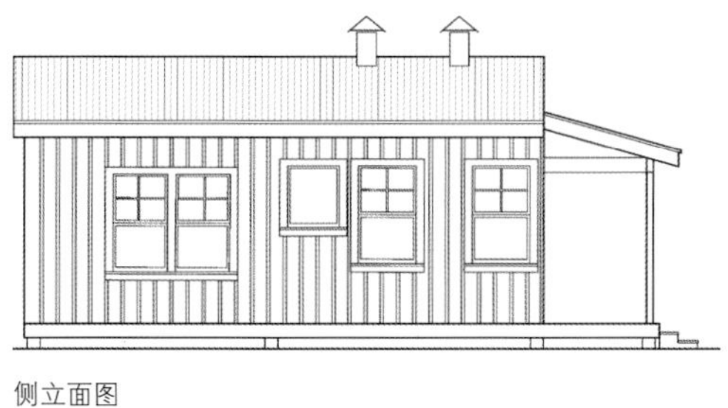
侧立面图

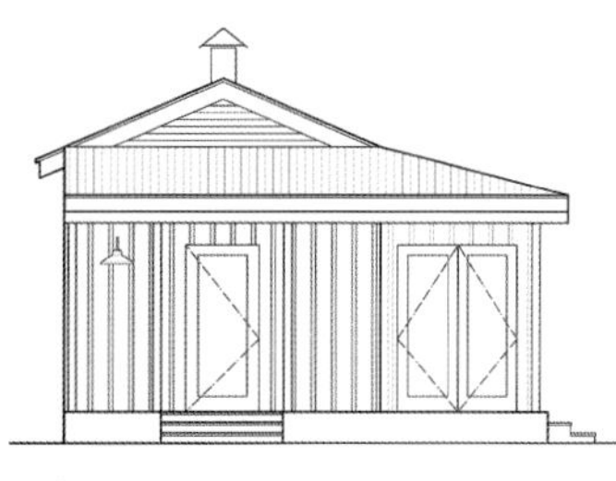
正立面图

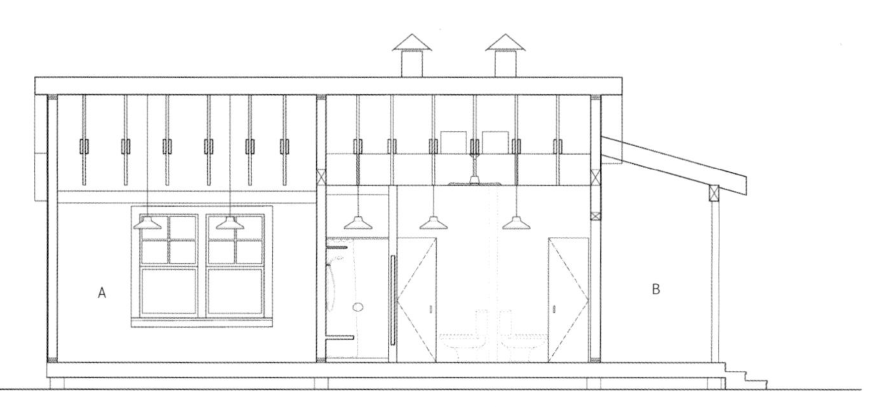

剖面图

A. 卧室
B. 门廊

095

谷仓式的美学设计能让人们享受休闲自在的生活体验：内置式家具，高效的简易厨房，光线充足，随时都能观赏远处的美丽景色。

PV 小屋是为一对爱好攀岩的年轻夫妇打造的临时住所。该地因其山脉地貌而引人注目，经常举办各种各样的冒险活动。这间小屋坐落在高高的悬崖脚下的一小块空地上，周围是茂密的树林，人们可通过一条蜿蜒的道路进入小屋内。这块位于森林中央的开放式空间确保了自然通风和充足的光线。小屋建在离地面 1.5 m 高的木桩上，避免在冬季与积雪接触。设计的主要挑战就是有限的占地面积，考虑到房主的攀岩爱好，设计师尝试在垂直方向上增加使用面积。

PV Cabin

PV 小屋

24 m^2

洛雷娜 · 特龙科索 - 巴伦西亚

Lorena Troncoso-A Valencia

⚲ 智利平托

© 克里斯托瓦尔 · 卡罗

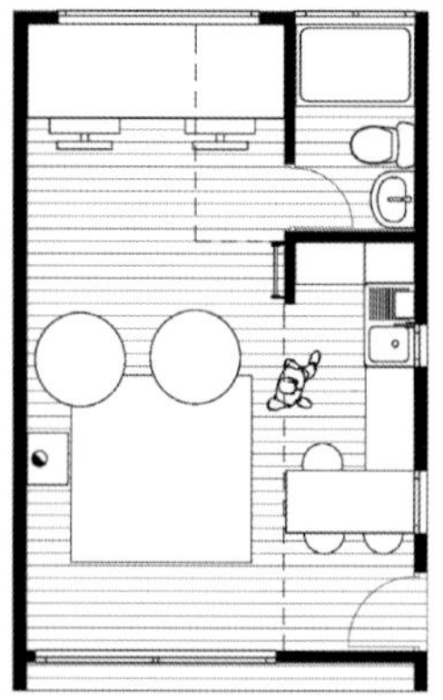
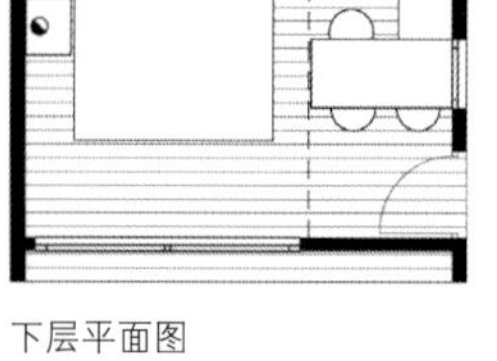

下层平面图

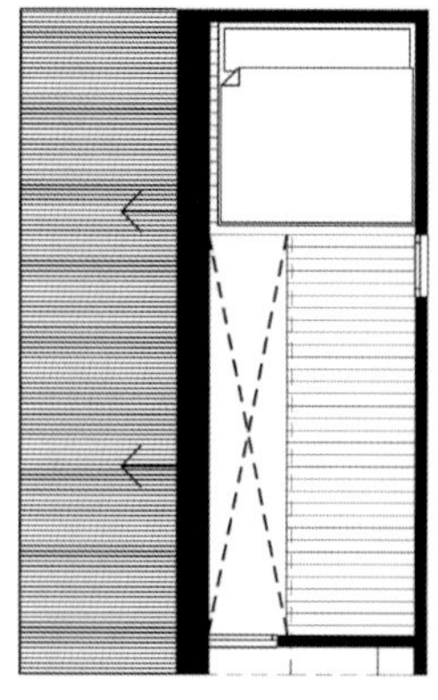

夹层平面图

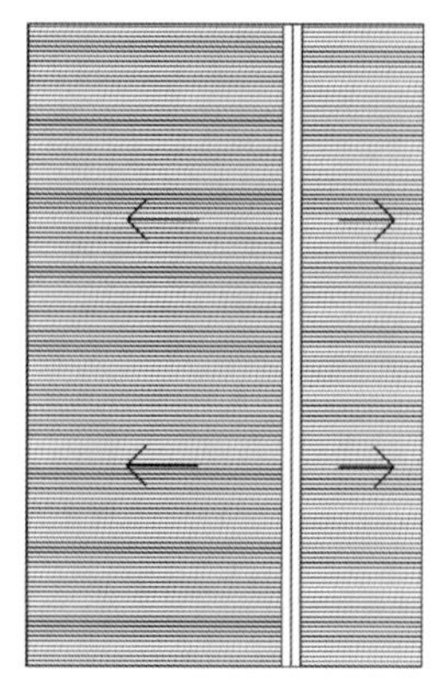

屋顶平面图

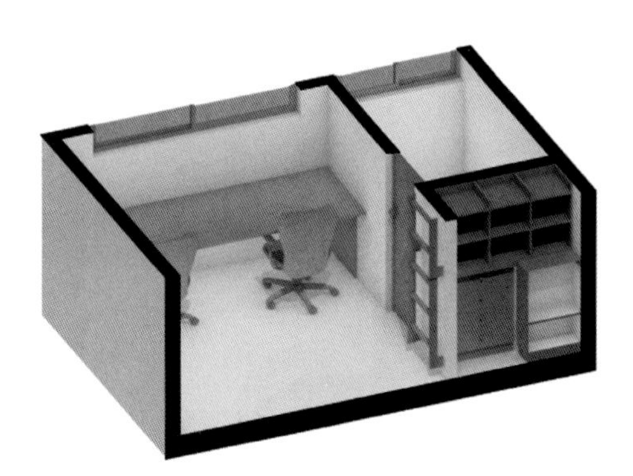

透视剖面图

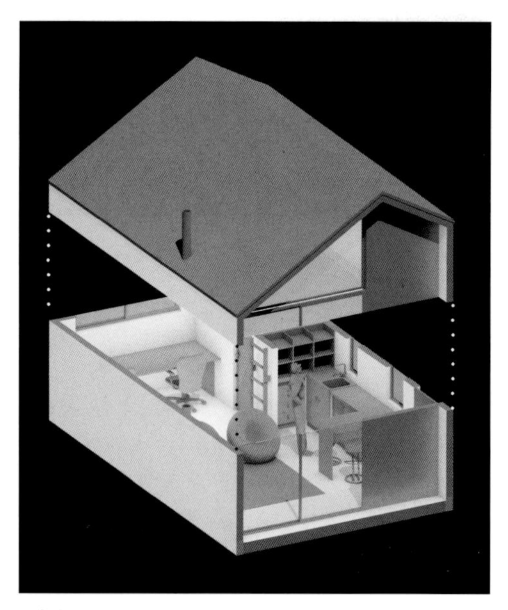

分解轴测图

设计师在选用小屋的样式和材质时从自然环境中得到了启发，因此设计出不对称形状的小屋，正好与后面的山垂直呼应。同时，设计出这一特点也有其功能性目的，即屋顶的明显坡度有利于排除积雪，并能在室内营造出宽敞感和舒适的氛围。

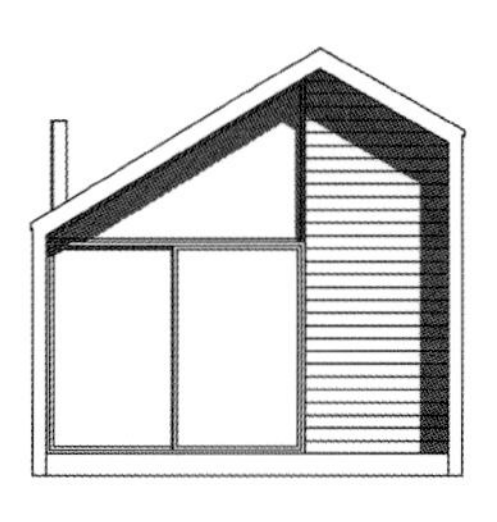
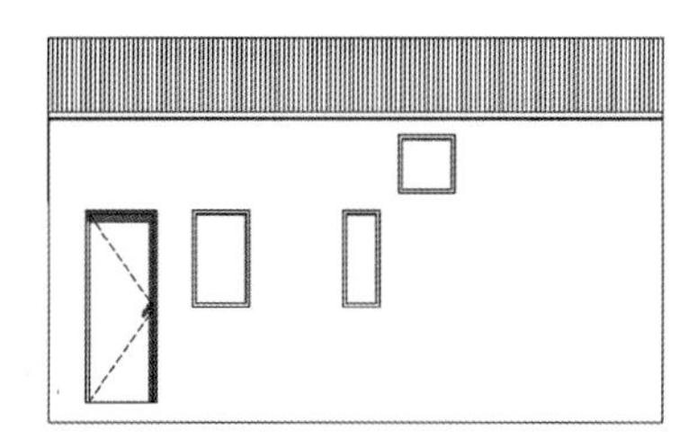
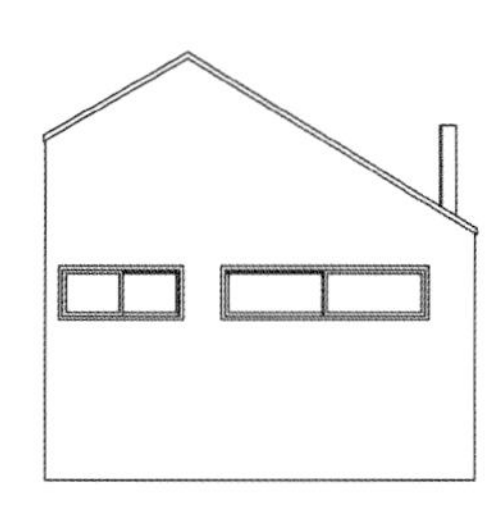
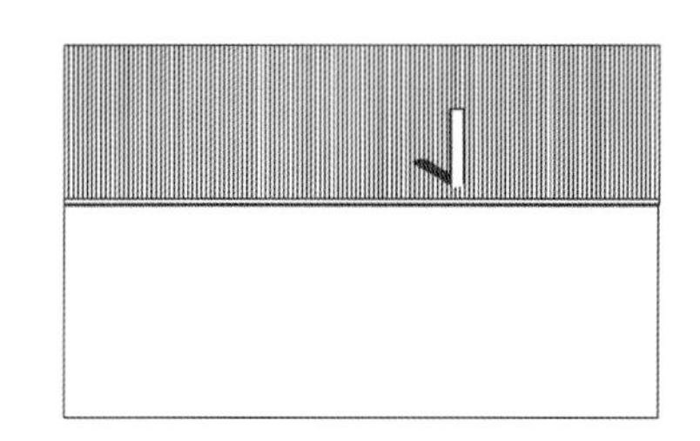

立面图

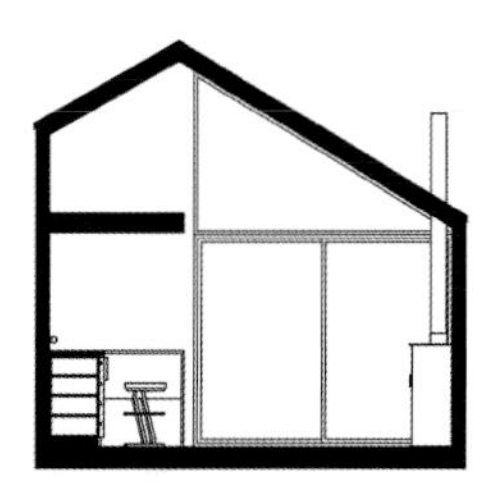
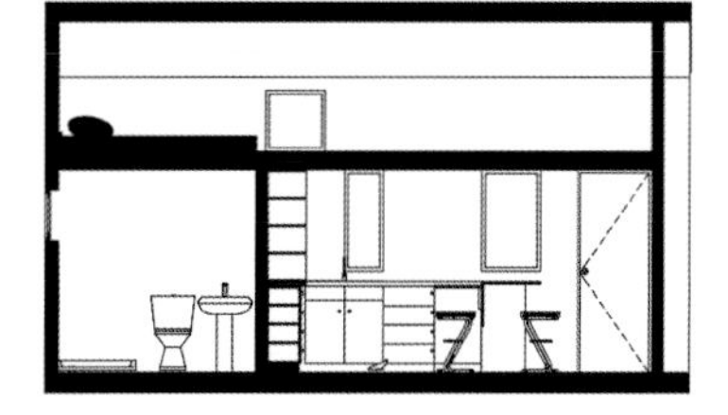

剖面图

屋顶的不对称形状使小屋的平面规划更明确，把玻璃墙后的客厅和木墙后的两层空间明显分隔开来，小屋里含有卫生间、厨房、餐厅和上方带有储物柜的阁楼床。

小屋的内外墙采用了相同的木材装潢，强调了材质和样式。木材还赋予了小屋大自然的气息，让人联想到传统的原木结构。

096

小屋设置了可以在短时间内进行基本生活活动的空间，包括睡觉、吃饭、洗漱等最小空间，还有可用作客人临时居住的额外空间。

097

阁楼床上方的倾斜屋顶给人一种类似于温暖拥抱的庇护感。

Redsand Cabins

红沙小屋

28 m^2（每间，共两间小屋）

科罗拉多大学丹佛分校的科罗拉多建筑工作室 + 犹他大学的建筑设计造势项目组

Colorado Building Workshop at CU Denver+ DesignBuildBLUFF at the University of Utah

⚲ 美国科罗拉多州纪念碑谷附近的沙漠

© 杰西・黑岩

纳瓦霍部落梅西肯沃特分部与科罗拉多大学丹佛分校的科罗拉多建筑工作室和“建筑设计造势”项目组合作，设计并建造两间可出租的小木屋，以支持当地的旅游业。受蓝山和纪念碑谷的地貌和远景的影响，由于设计规划和材料问题，最终建造出一对“兄弟”立方体，分别命名为“日出”和“日落”。为了在这两个 28 m^2 的空间之间增加更多的睡眠区域，小屋“日出”配备了一个可供两人用的下沉式床台，而小屋“日落”则有一张床、一个阁楼和日式床垫，可以容纳 6 名游客就寝。

纳瓦霍族有大门朝东开的传统，小屋“日出”和“日落”的朝向也受到这个传统的影响。要进入小屋“日落”时，需要先进入露台；而要从小屋“日出”出去，则需要穿过建筑，向悬臂式露台走去。

其中一间小木屋基于景观而建，而另一间则从景观中浮现出来。每间小屋都有着自己的特色，同时又让人觉得它们具有相同的风格特性。

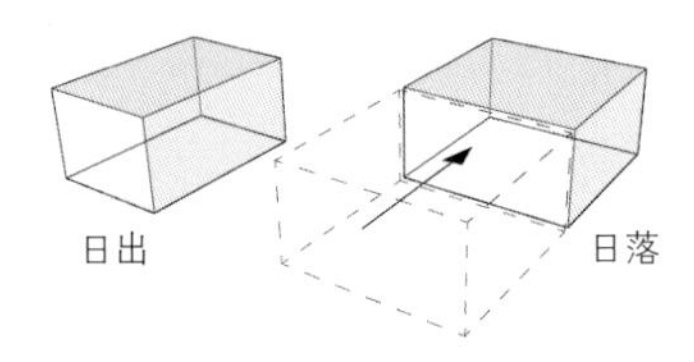

改变小屋的容积，使视野更加开阔，保护隐私。

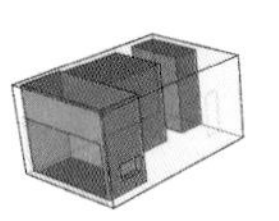

盒中盒建造风格划定了居住空间。

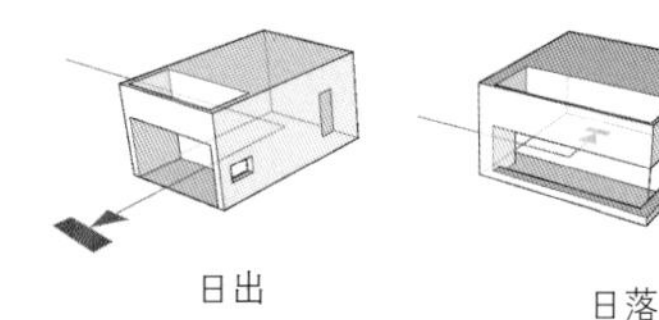

日出小屋向外延伸；日落小屋向内延伸。

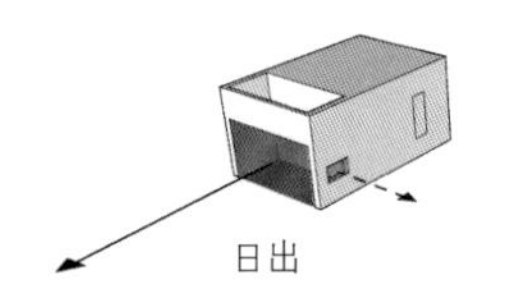
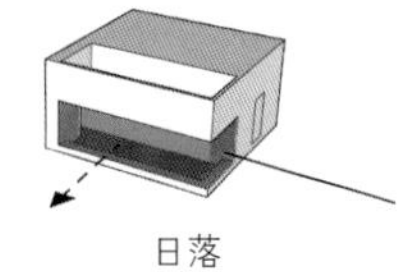

庭院空间将纪念碑谷和蓝山的主要和次要景观最大化。

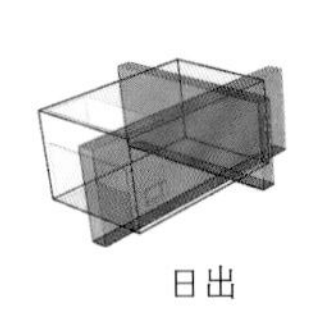
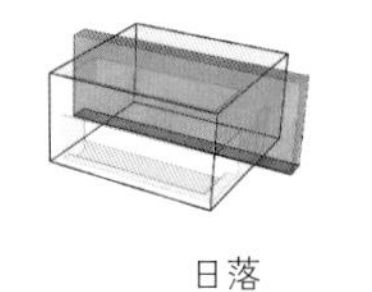

阳光使小屋一分为二，并将小屋与地面相连。

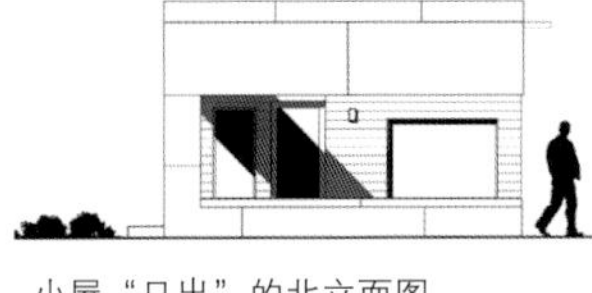

小屋“日出”的北立面图

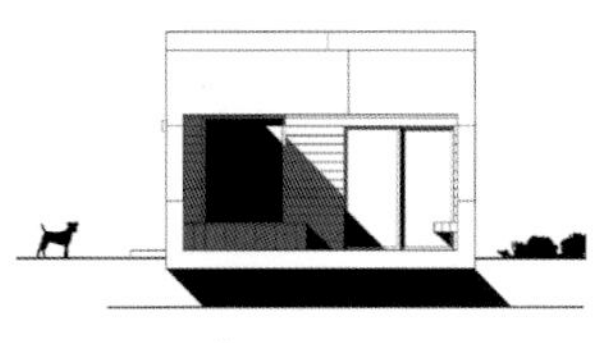

小屋“日落”的北立面图

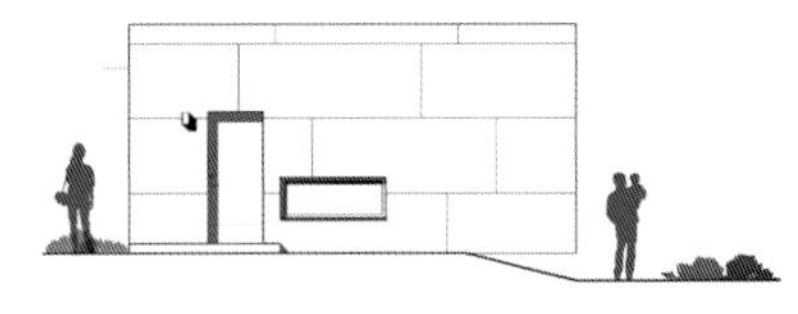

小屋“日出”的东立面图

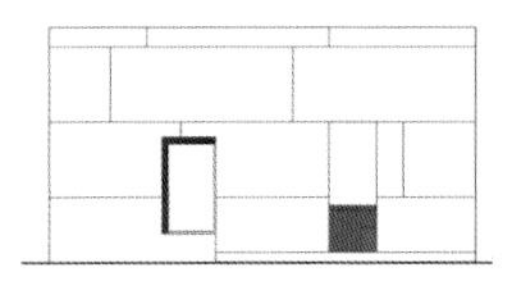

小屋“日落”的东立面图

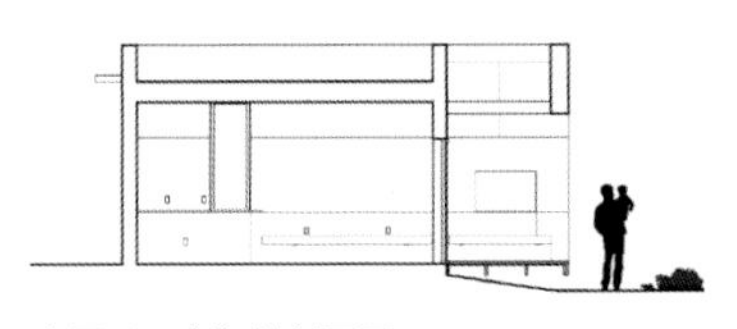

小屋“日出”的剖面图

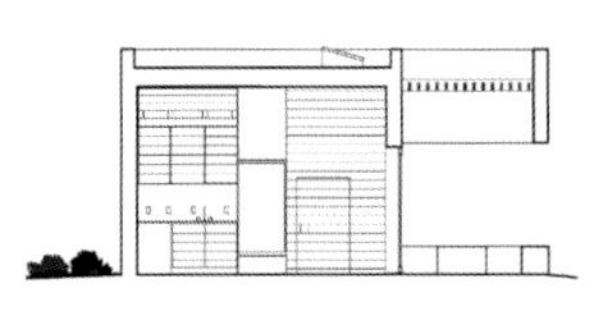

小屋“日落”的剖面图

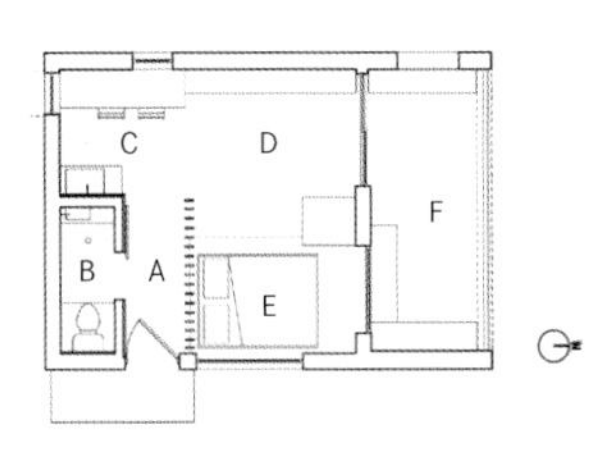

小屋“日出”的平面图

A. 入口
B. 卫生间
C. 厨房
D. 客厅
E. 床台
F. 露台

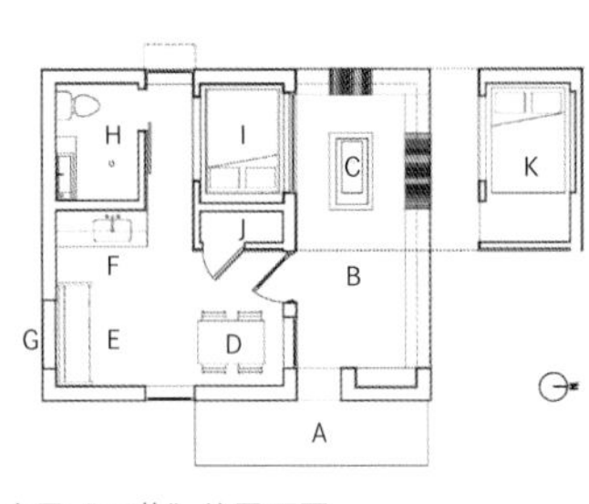

小屋“日落”的平面图

A. 入口
B. 露台
C. 火坑
D. 餐厅
E. 客厅
F. 厨房
G. 出口
H. 卫生间
I. 卧室
J. 壁橱
K. 阁楼床

098

两间小屋的露台均位于它们的北侧，在夏天可遮阴，均用从谷仓回收的木材作外墙。

099

在室内和户外饰面的处理中可以看出其美学设计和所用工艺。混凝土地板、水槽和柜台，与内墙的回收谷仓木材形成对比，而风化的钢制外墙则与该景观中的红沙相呼应。

100

从两间小屋的门窗能看到周围的自然环境：沙地、山脉和天空。从窗户和天窗透进来的自然光与电气照明相辅相成，让空间充满着柔和的光，散发着温暖的质感。

NANO HOUSE

2016 年，专注于户外教育的非营利组织科罗拉多 OB（外展训练）学校，与科罗拉多大学丹佛分校的科罗拉多建筑工作室继续合作，创建了第二个项目，由 28 名学生设计并建造了 7 套可供全年使用的隔热木屋。这些木屋与两年前建造的 14 套季节性木屋有着相同的特点，都是环绕着同一村舍边界。这些木屋位于美国黑松林深处，只能通过一条狭窄的土路进入。木屋占地面积小，设计师使用 LED 照明灯和高绝热性能的结构保温板（SIP），结合雪的天然绝热性，创造了高度节能的居住环境。

COBS Micro-Cabins

科罗拉多 OB 学校建造的微型小屋

9 m^2 和 19 m^2

科罗拉多大学丹佛分校的科罗拉多建筑工作室

Colorado Building Workshop at CU Denver

美国科罗拉多州莱德维尔市附近营地

© 杰西・黑岩

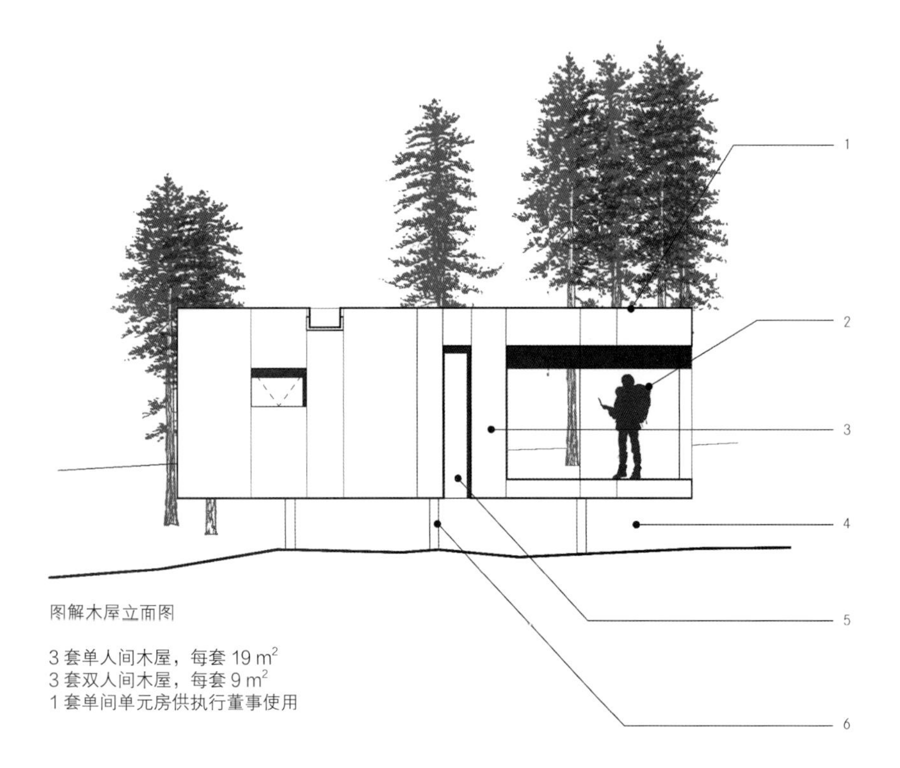

图解木犀立面图

3 套单人间木屋，每套 19 m^2
3 套双人间木屋，每套 9 m^2
1 套单间单元房供执行董事使用

1. 平坦的屋顶收集冬天的积雪，可获得额外的 R-30 的隔热性能。
2. 木屋为性格内向的外展训练者提供私人“袖珍”露台。
3. 热轧钢板包层用作保护木屋的防水幕墙。
4. 木屋底部的储物间用来储藏大件物品，包括皮划艇、滑雪板、自行车等。
5. 所有固定窗户用定制的 3MVI-B 钢带玻璃窗。
6. 钢制次梁使用力矩连接来支持 SIP 框架。它利用了 SIP 中已经存在的结构来承载负荷。

学生们被要求对材质、结构、光线、背景、环境和项目进行关键性的建筑调查，创造出新颖的设计方案，以解决需用预制板加速组建微型住房的问题。

每套 19 m^2 的木屋需要容纳一两名居住者，并由单一电路供电。该电路提供照明、供暖和一系列能为科技产品和小型家电（如迷你冰箱、茶壶、咖啡壶等）充电的插座。营地中心工作人员的小屋可供住户洗澡、做饭和洗衣服。

7 套木屋的朝向和接合都独立地应对不同的景观环境。包层和下方组成矩形框架的垂直柱与松树林融为一体，最大限度地减少了视觉冲击。热轧钢包层为建筑结构提供了低维护成本的防水幕墙。

101

学生们受到“昆泽斯雪洞（quinzees）”的启发，在他们的建筑物中运用了“积雪绝热”的逻辑，也就是挖空雪堆建造雪屋。

102

没有两个小屋是完全一样的，这为住户提供了多样化选择。不同类型的平面图也反映了不同的住宿需求。

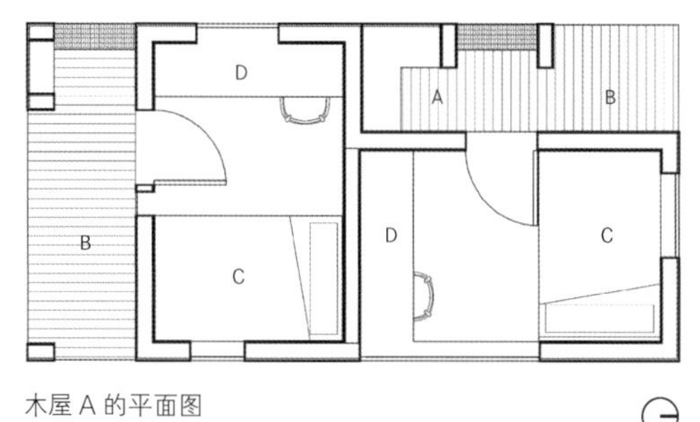

A. 户外杂物间
B. 露台
C. 带储物柜的床
D. 书桌和内嵌式家具

木屋 A 的平面图

虽然7套木屋的配置不同，但都采用了相同的墙体材料：外墙是热轧钢包层，内墙是桦木胶合板，不仅给小屋带来了温暖，还与周围的树木建立了联系。

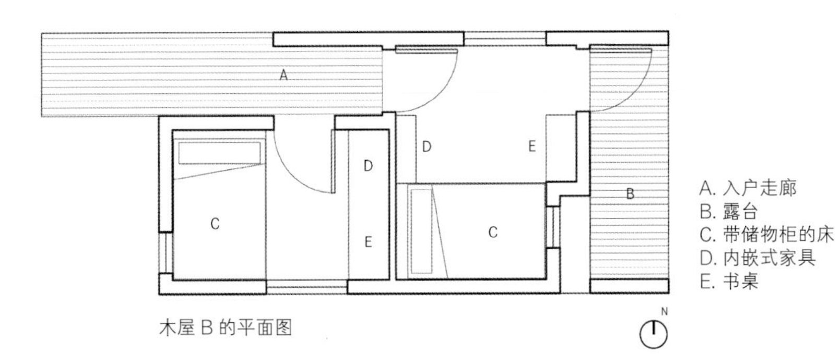

木屋 B 的平面图

A. 入户走廊
B. 露台
C. 带储物柜的床
D. 内嵌式家具
E. 书桌

前后门廊是用雪松木雕刻而成的，是为比较内向的学校编内职工创建的入口和私人户外空间。

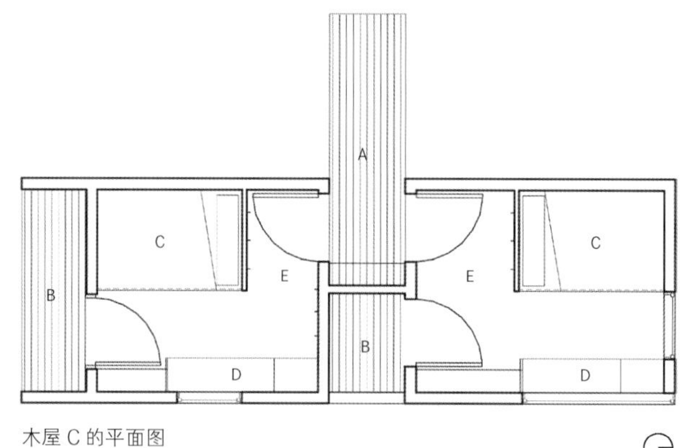

木屋 C 的平面图

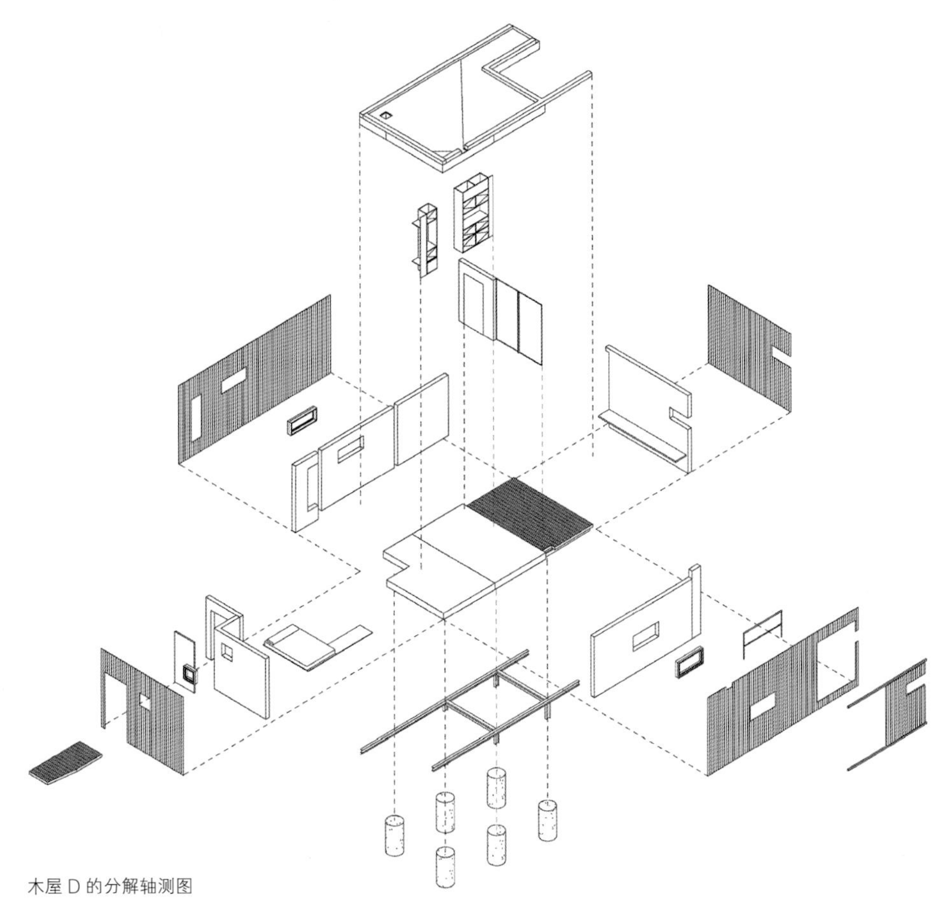

木屋 D 的分解轴测图

103

项目的可持续性和偏远的场地，使得小木屋需要在现场进行预制和组装。

104

室内外选择了耐用性强的天然材料，促进木屋与自然环境的融合。

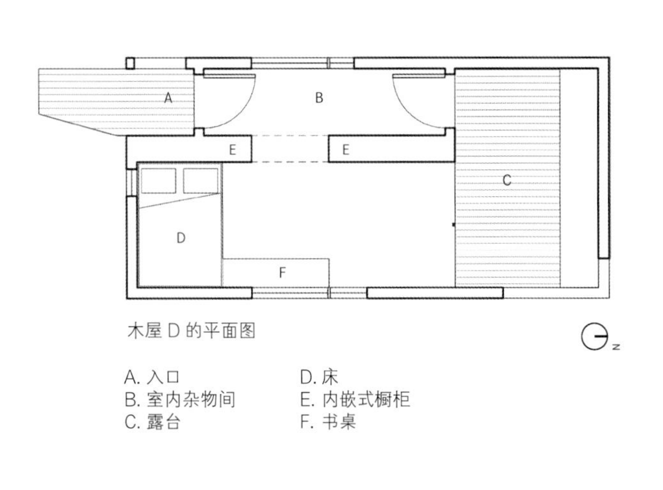

木屋 D 的平面图

A. 入口
B. 室内杂物间
C. 露台
D. 床
E. 内嵌式橱柜
F. 书桌

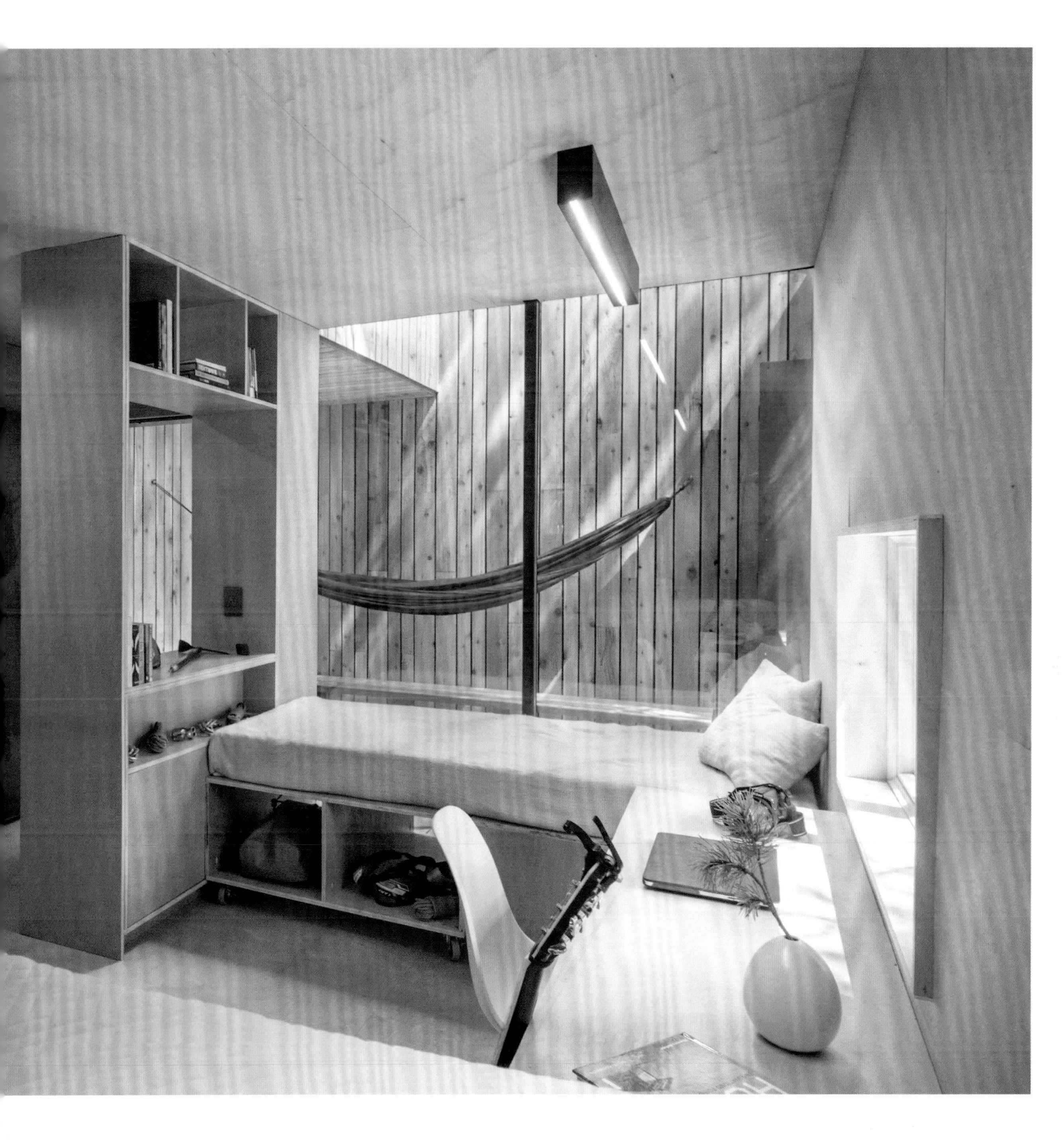

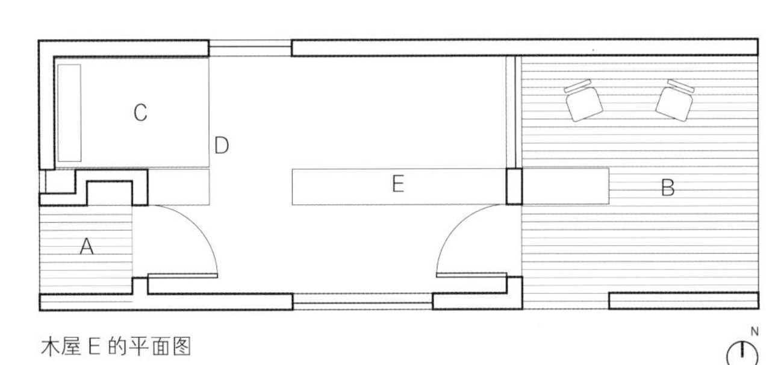

A. 入口
B. 露台
C. 带储物柜的床
D. 拖床（下方）
E. 厨房岛台

木屋 E 的平面图

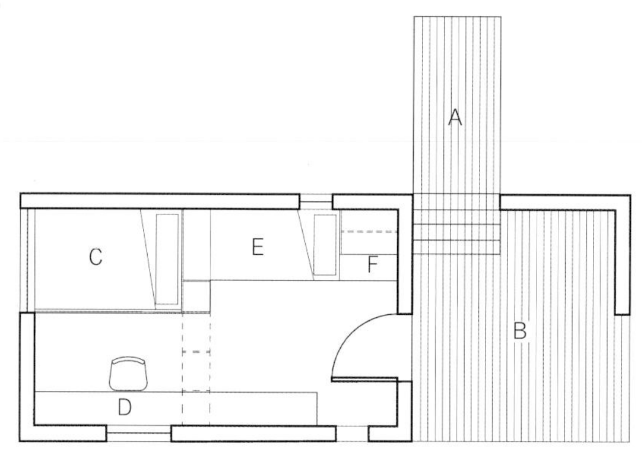

A. 入户走廊
B. 露台
C. 带储物柜的床
D. 书桌和内嵌式家具
E. 休息区 / 延伸过渡区
F. 储物间

木屋 F 的平面图

105

墙壁上的开口和房间之间的通道，就像是把眼前的风景装进了画框一样。

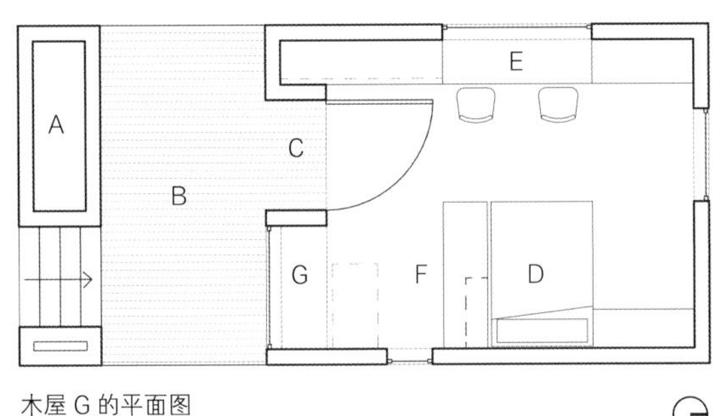

木屋 G 的平面图

A. 户外储物间
B. 露台
C. 入口
D. 带储物柜的床
E. 内嵌式书桌
F. 厨房
G. 休息区

106

木屋设计了受保护的户外区域，以鼓励木屋住户之间进行社交活动。

小木屋是木结构建筑，位于捷克与奥地利边境附近的一个混凝土地下掩体的顶部。该地下掩体是在第二次世界大战前建造的，作为当地人战时的藏身之所。现在仍有数以千计这样的掩体被遗留下来，却没有实际的用途。扬·泰尔佩克设计了一座塔楼，可以很轻松地安装在掩体上或从掩体上移走，而不影响掩体构造的完整性。他的朋友、家人和建筑专业的学生都参与了这座塔楼的设计和建造。首先在场外造好塔楼，然后拆卸运到现场，并重新组装。

The Cabin

小木屋

12 m^2

扬·泰尔佩克

Jan Tyrpekl

捷克弗拉捷宁市

© 安东宁·马捷约夫斯基

由于地形特点，设计团队设想的塔楼主要为直立形状。该建筑有两扇大窗户，一扇朝东面，面向与奥地利的边界线；另一扇能看到离得最近的村庄的教堂塔。同时它也是一座收容所，任何人都可以申请入住。

定位图

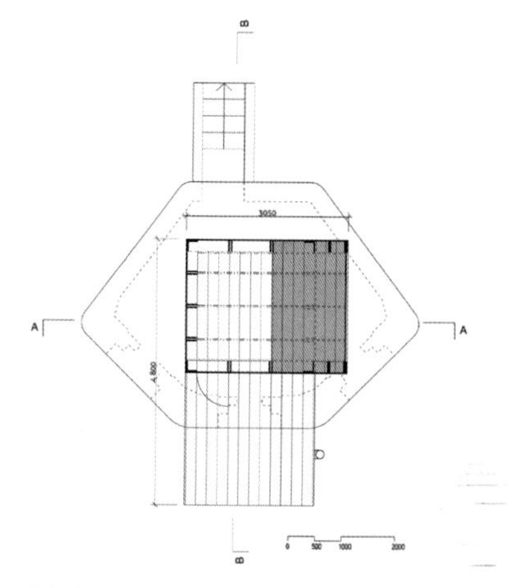

上层平面图

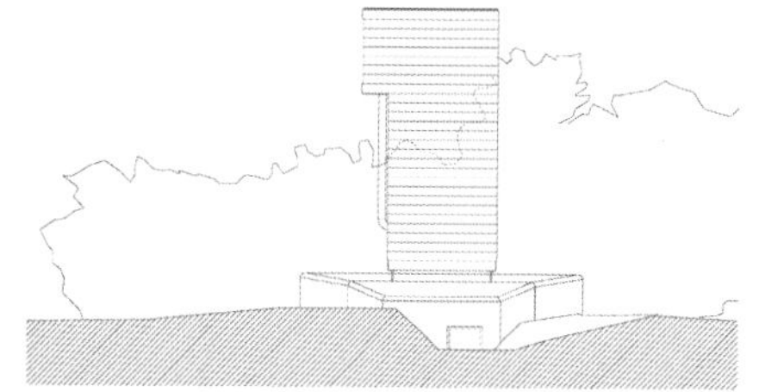

北立面图

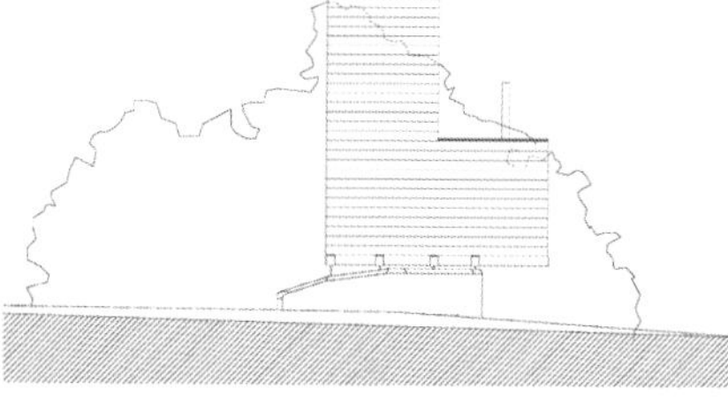

东立面图

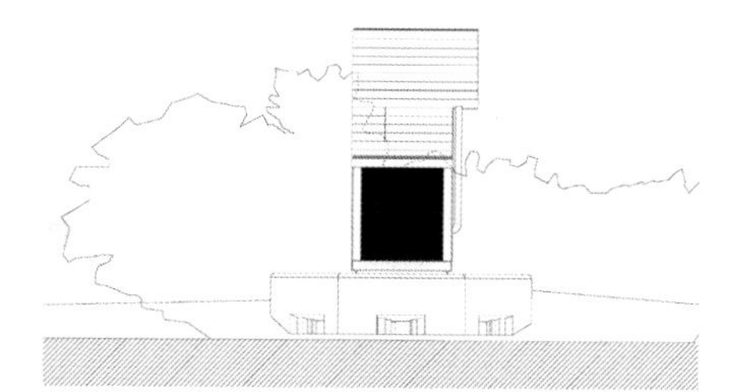

南立面图

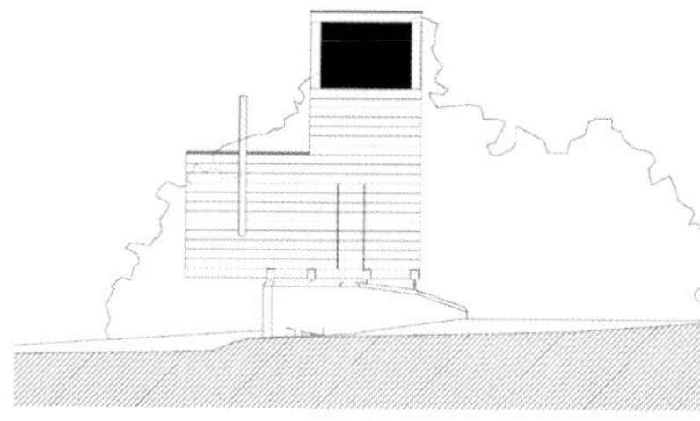

西立面图

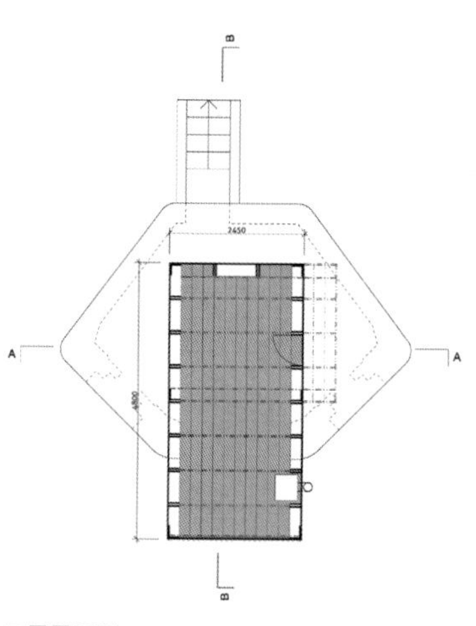

下层平面图

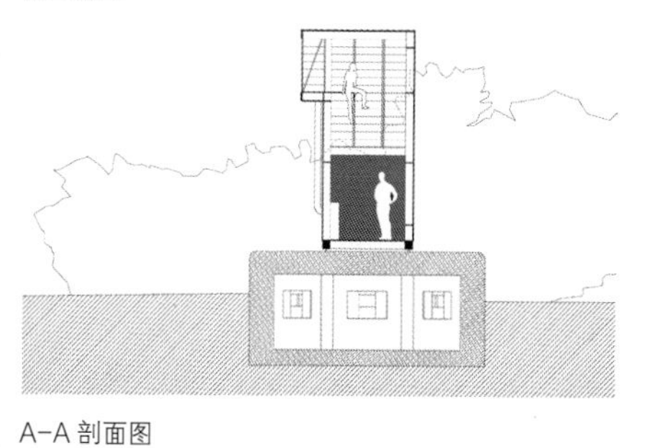

A–A 剖面图

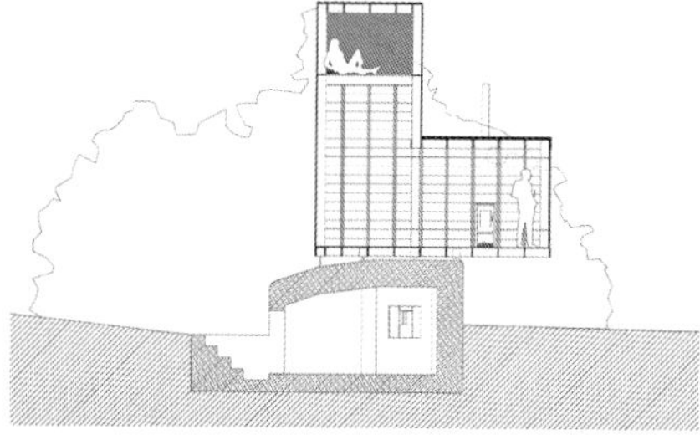

B–B 剖面图

107

施工的原则是尽量减少材料使用、建筑成本和建筑时间。该建筑物非常简单，只需使用普通的工具，通过手工劳作就可以建造，不需要任何技术。该项目没有得到任何捐赠或补助。

“柯多（Koto）”在芬兰语里意为“舒适的家”，这也是设计师夫妇乔纳森·利特尔（Johnathon Little）和佐伊·利特尔（Zoë Little）创立的设计公司名字。这对夫妇不仅认可他们依赖的北欧风设计的极简美学，还认可北欧的生活方式，以及工作与生活良好平衡的价值。这间小木屋的设计鼓励人们接触大自然，拥抱户外生活。他们与技术熟练的英国生产团队合作，充分利用了低能源和木结构建筑，为最终的成品带来卓越的工艺水平。

Koto Cabins

柯多木屋

15 ～ 40 m^2

柯多设计

Koto Design

⚲ 英国韦斯特沃德霍

© 乔·莱弗蒂

108

小户型住房挑战着人们对建筑物的思考方式，在建造中的每一步都要考虑到建造自身的问题和对环境的影响。

桑拿房
小木屋
中木屋
大木屋
开放式住宅的配置

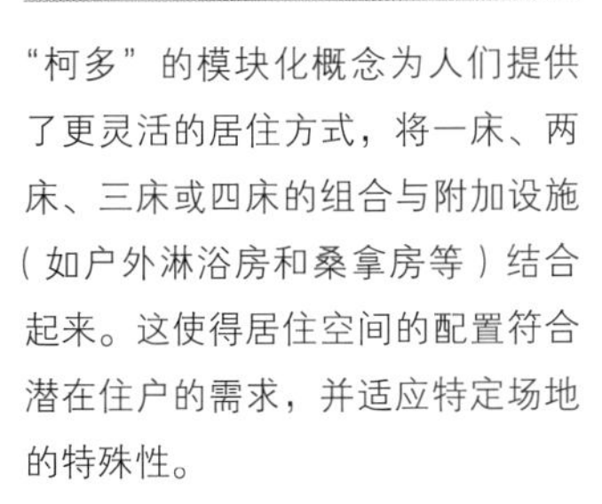

109

“柯多”的模块化概念为人们提供了更灵活的居住方式，将一床、两床、三床或四床的组合与附加设施（如户外淋浴房和桑拿房等）结合起来。这使得居住空间的配置符合潜在住户的需求，并适应特定场地的特殊性。

宽敞的隐蔽式储物间、舒适的小角落和内置式窗边座椅最大限度地利用了室内空间，增加了简洁的美感，同时将居住者与外部世界联系起来。尽管占地面积相对较小，但高大的斜脊极大地打开了空间。

110

每间卧室的设计都让人感觉像是小隐于野的私人休养地，主要家具都来自丹麦家具品牌哈伊（HAY），创造了一个平静、简约的环境。居住者可以享受这个适合休息、放松和独处的灵活空间。

Klein A_{45}

克莱恩 A_{45}

17 m^2

比亚克 · 英厄尔斯集团

Bjarke Ingels Group

美国印第安纳州莱恩斯维尔市

© 马修 · 卡蓬

克莱恩 A_{45} 是为克莱恩（Klein，德语意为“小”）设计的小屋原型，“克莱恩”是一家致力于小空间生活方式的预制房屋公司。该小屋可供潜在房主购买、定制，并在 4 ～ 6 个月内在任何地点为任何用途来建造该小屋。该设计从传统的 A 字形框架小屋演变而来，这种框架的小屋正是以倾斜的屋顶和墙壁而闻名，这使得雨水容易流走，且建造简单。克莱恩 A_{45} 由 100% 的可回收材料组成，包括木结构墙体模块和底层地板，在现场以模件形式组装起来。室内采用了简约的北欧风格，优先考虑了舒适度和设计感。

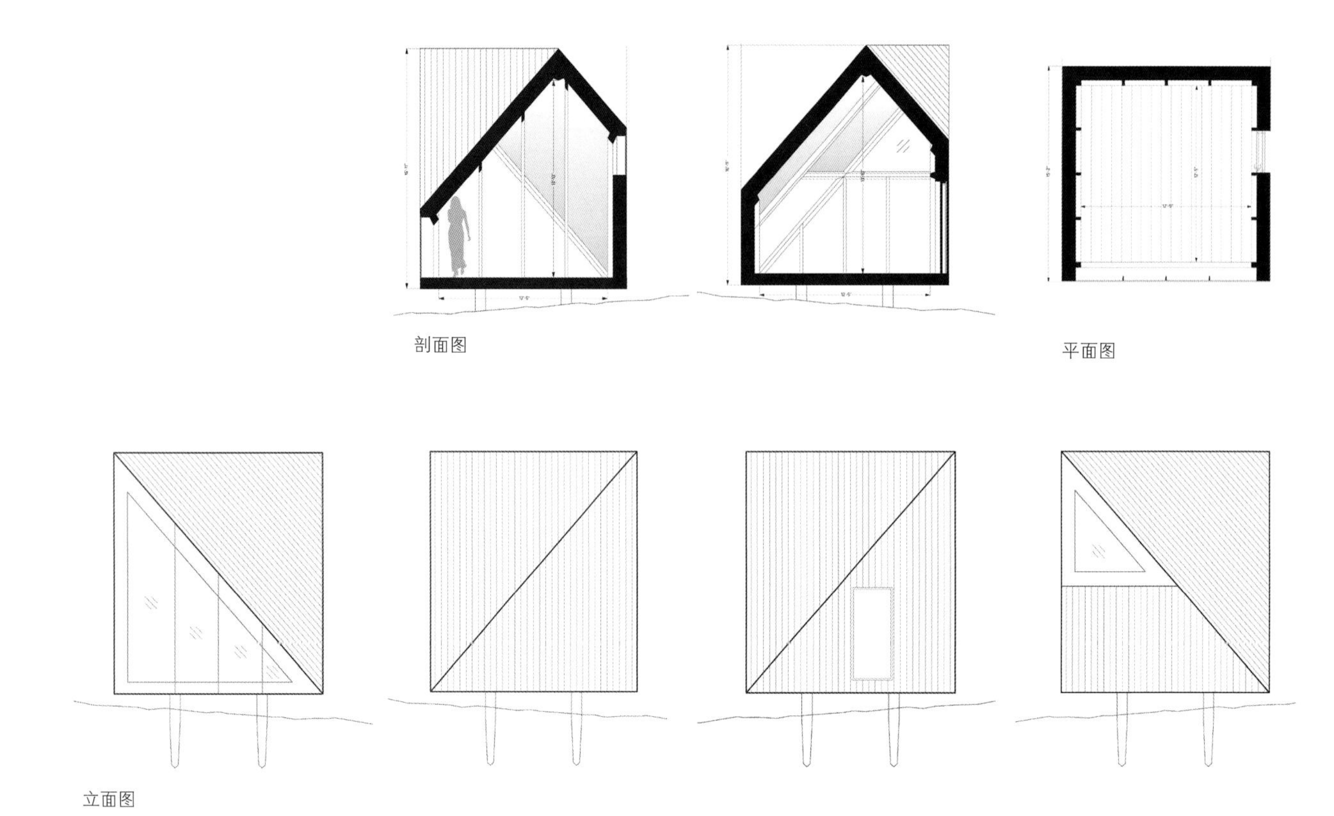

剖面图

平面图

立面图

为了最大限度地提高这种典型建筑结构的质量，克莱恩 A_{45} 通过采用方形基座并将屋顶扭转 45°，将小房子提高到 4 m 高，来创造更多可用的楼层空间。

111

三角形的落地窗有 7 块玻璃，可以让自然光照亮室内。小屋由 4 个混凝土墩支撑，从地面略微抬高，这一设计能让房主将它安放在最崎岖不平的地形上。

设计师使用外露的实心松木框架、花旗松地板，以及可定制的高级绝缘天然软木墙，将大自然带入小屋。莫尔斯牌（Morsø）的烧柴火炉坐落在角落里，而水电等自给自足的设施则被隐藏起来。

112

小巧的厨房是由哥本哈根家具装饰公司设计的。卫生间由雪松木建成，配有丹麦品牌的卫浴设施。

拉维工作室面临的建筑挑战是建造一个多功能的舒适的酒店房间。设计师忠实于项目的最初灵感——鸟巢。正如许多客户经常描述的那样，“原点”是一间特殊的小屋，是独一无二、量身定做的项目。作为既呈现了诗意，又体现了木工工艺的建筑，原点树屋在拉赖城堡森林的百年橡树之中脱颖而出，仿佛一直是风景的一部分。

ORIGIN Tree House Hotel

原点树屋酒店

23 ～ 35 m^2

拉维工作室

Atelier LAVIT

法国拉赖市

© 马可・拉维

一座离地9 m的木桥将客人引向“鸟巢”。围绕着橡木树干建造了八角形的空间，并将树干也纳入居住空间的范围。

原点树屋总体概图

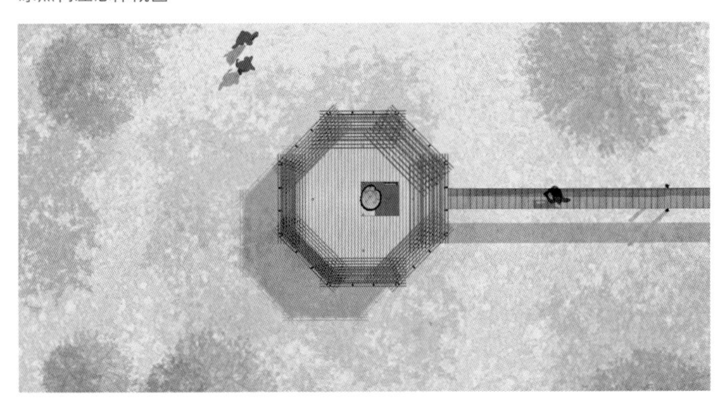

原点树屋屋顶平面图

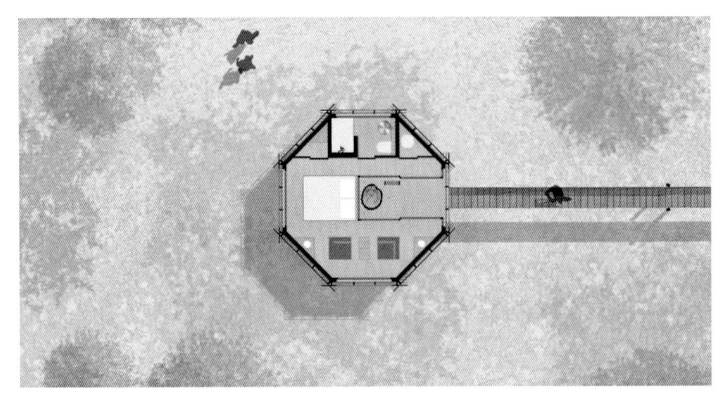

原点树屋平面图

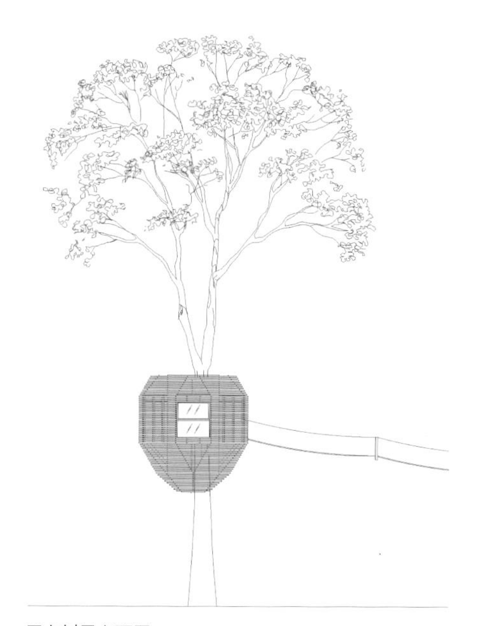
原点树屋立面图

原点树屋 A-A 剖面图

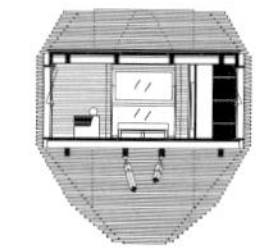
原点树屋 B-B 剖面图

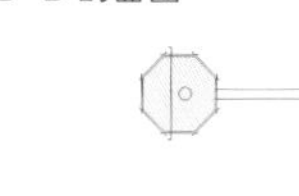

原点树屋 C-C 剖面图

原点树屋 D-D 剖面图

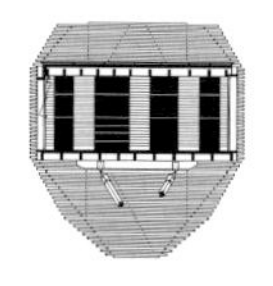
原点树屋 E-E 剖面图

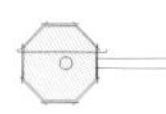

小屋的设计，加上传统的木结构技术，使仿鸟类收集树枝并组装造巢的逻辑合理化。

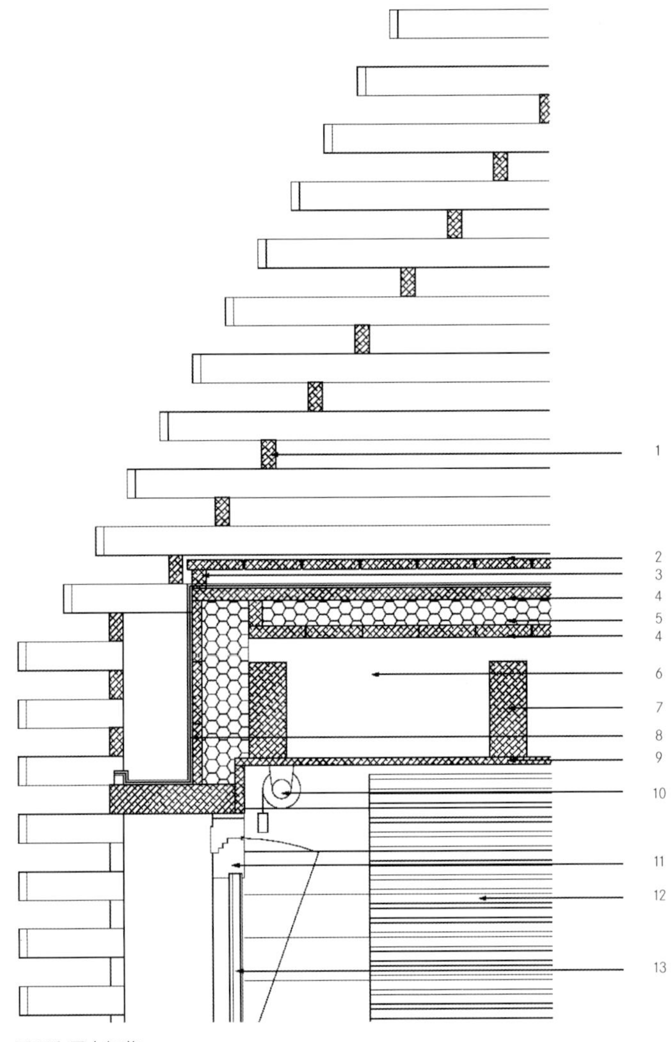

屋顶和平台细节

1. 花旗松包层
2. 花旗松平台木板
3. 木质毛地板
4. 定向刨花板
5. 矿棉隔热材料
6. 松木梁
7. 松木托梁
8. 三元乙丙橡胶隔热膜
9. 白杨木天花板
10. 遮光罩
11. 瑞纳斯（Reynaers）SL38 倾斜窗
12. 白杨木网格
13. 双层玻璃

113

设计小空间的好处是，细节之处几乎全依赖家具尺寸的选择。

一旦到了露台，人们就会有受保护的感觉，就像在鸟巢里一样，通过两扇大型滑动玻璃门可以很轻松地进入居住空间。

114

露台和树屋之间的空隙增加了保护层。

室内充满了舒适、明亮和私密的氛围，大窗户让人在室内也能感受到森林的气息。墙皮用白杨木包覆，涂有令人愉快的奶油色，纹理笔直、均匀。光滑平整的内墙与定制的家具相匹配，为这个小小的世外桃源增添了舒适感。

115

室内最小的细节也使用了树屋的建造方法，设计出板条表面，为小空间增加了质感和深度。

GCP 木屋酒店由 14 间小套房组成，分布在一个渔业保护区的湖边，木屋像木筏一样漂浮在水面上，有的像湖上桩屋一样堆积在木桩上。建筑师的当务之急是让酒店与现有风景绝对共生，将对环境的影响降到最低。最终建筑与湖泊环境融为一体，建筑设计师以高大而摇曳的芦苇为灵感，建成小木屋的外墙。同时，独特的木质结构也会让人想起原始的建筑。

GCP Wood Cabin Hotel

GCP 木屋酒店

23 m^2

拉维工作室

Atelier LAVIT

⚲ 法国索尔格镇

© 马可·拉维

木屋在水中的倒影营造出神奇的氛围，
这种氛围感能够在四季中不断变化。

总平面图

116

由于地处偏远，这些木屋大部分都是在外面的工坊里预制的。这些部件在三个月内被编号、拆卸，并在现场重新组建。这个过程降低了生产和安装成本。

白天在小屋内，阳光透过木屏风，光与影在嬉戏。随意的墙缝让人瞥见植被、湖泊和天空的抽象美。在日落时分，这种体验效果却相反：木屋深陷于黑暗之中，只被月光照亮，看起来像是点燃的灯笼，金色的灯光透过木屏风散发出来。

117

各种各样的规划吸引了更多的木屋爱好者，他们可以根据位置、样式和类型来选择住所。

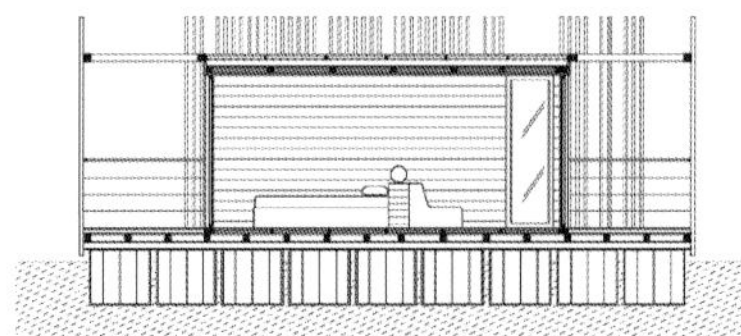

双人木屋 1（方形）的剖面图

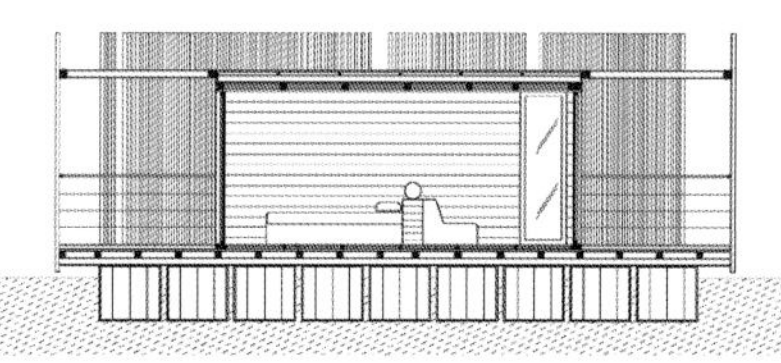

双人木屋 2（圆形）的剖面图

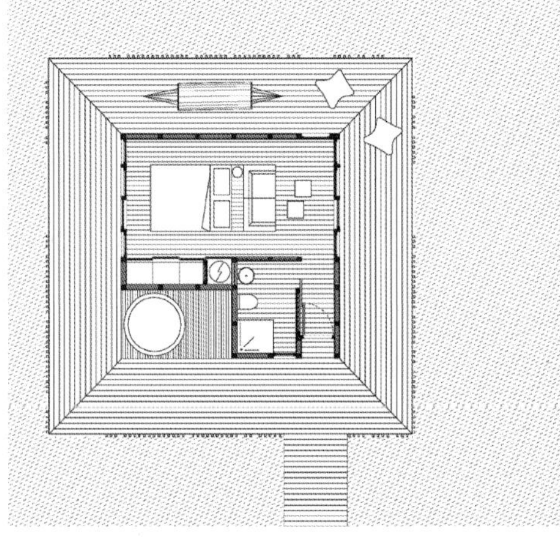

双人木屋 1（方形）的平面图

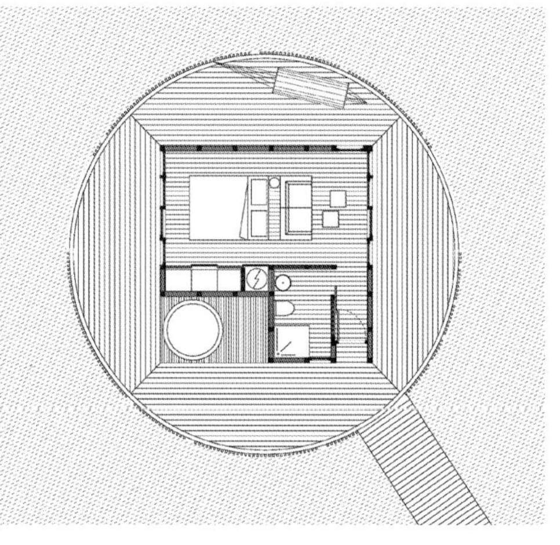

双人木屋 2（圆形）的平面图

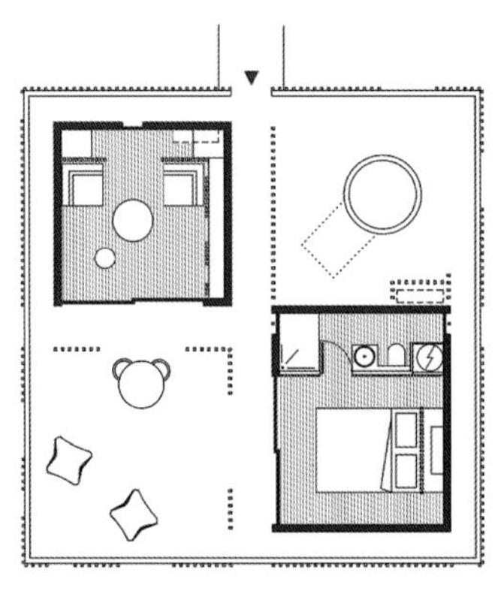

水上双人木屋平面图

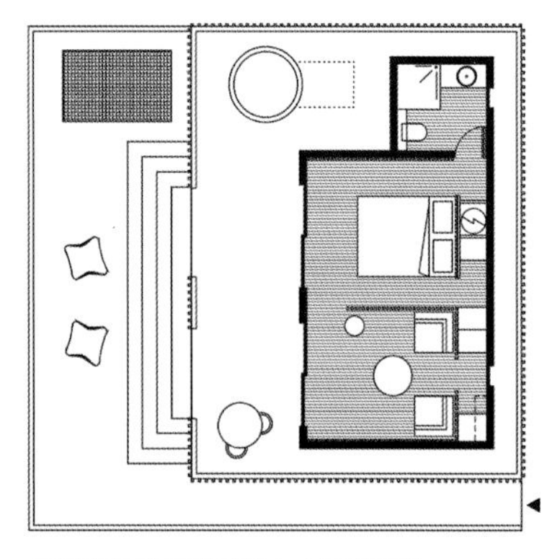

底层架空柱支撑的双人木屋平面图

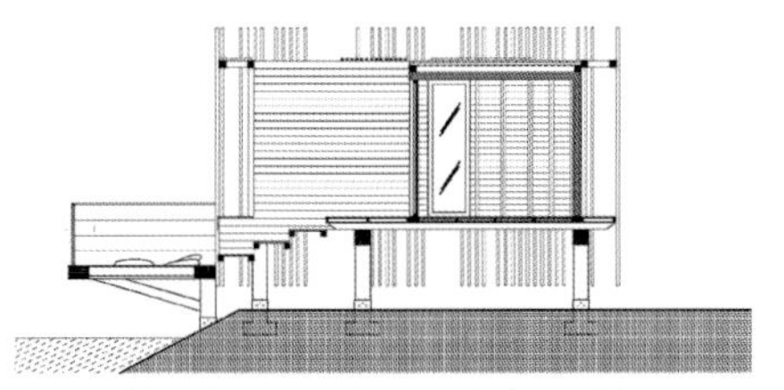

底层架空柱支撑的双人木屋 3（水边）的剖面图

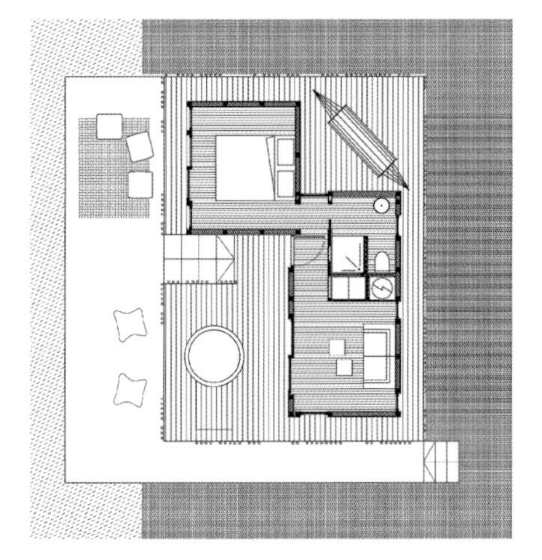

底层架空柱支撑的双人木屋 3（水边）的平面图

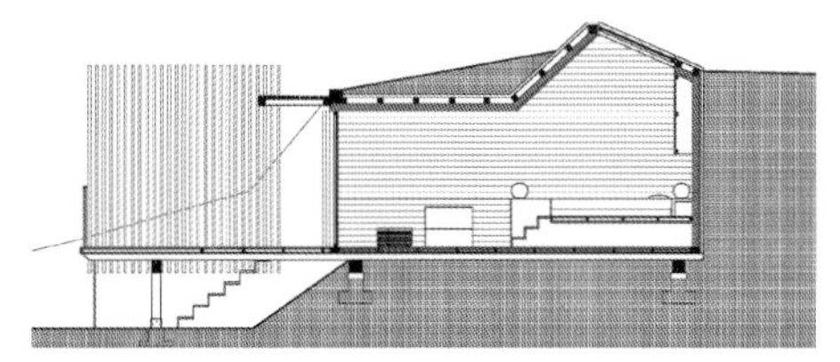

双人木屋 4（陆地）的剖面图

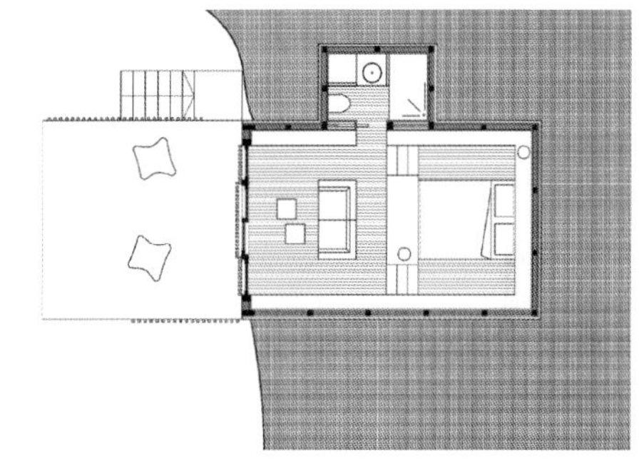

双人木屋 4（陆地）的平面图

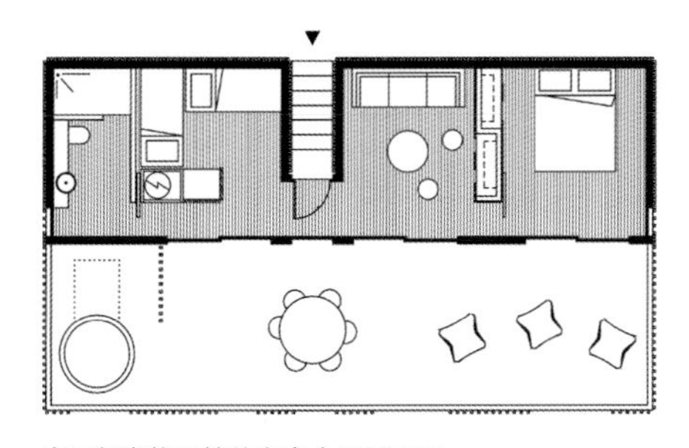

底层架空柱支撑的家庭木屋平面图

118

基于可持续发展原则，与周围风景相呼应的迷人建筑形式会吸引到大自然爱好者。

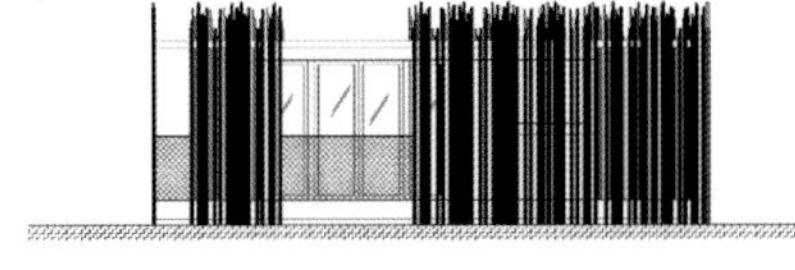

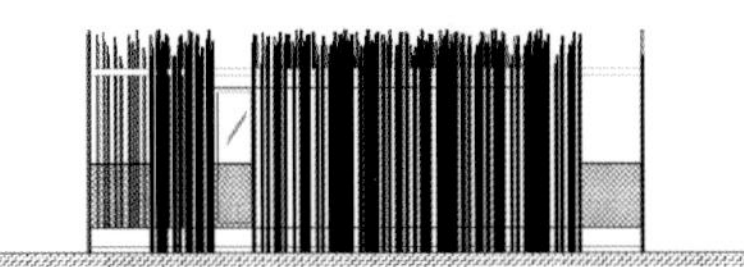

方形木屋的东南立面图

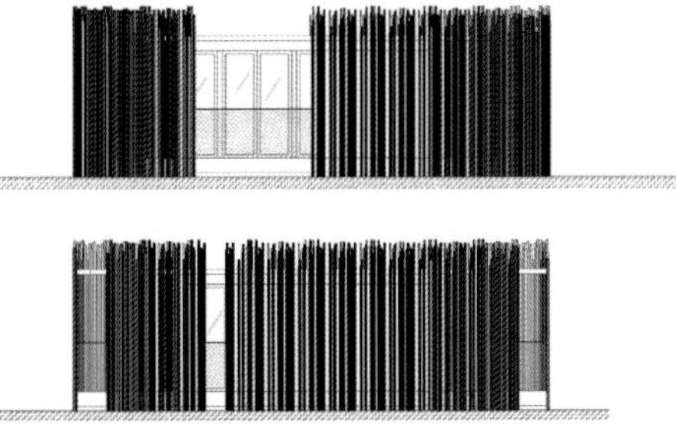

圆形木屋的东南立面图

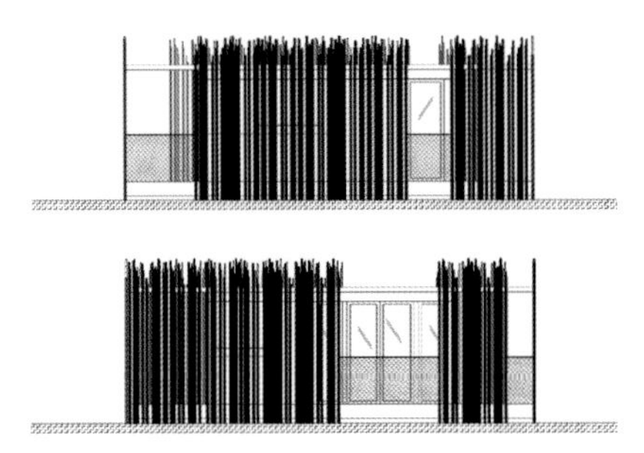

方形木屋的西北立面图

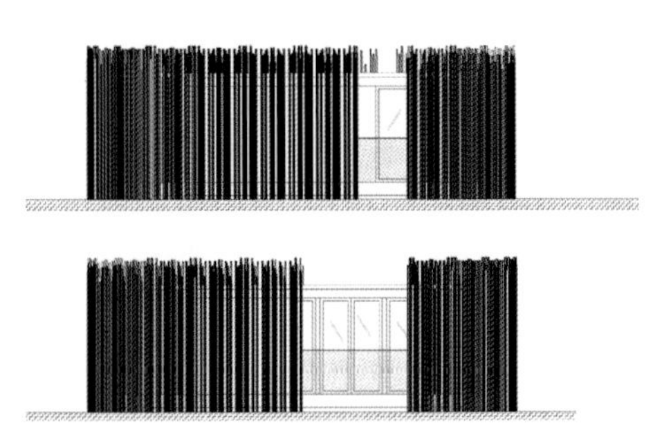

圆形木屋的西北立面图

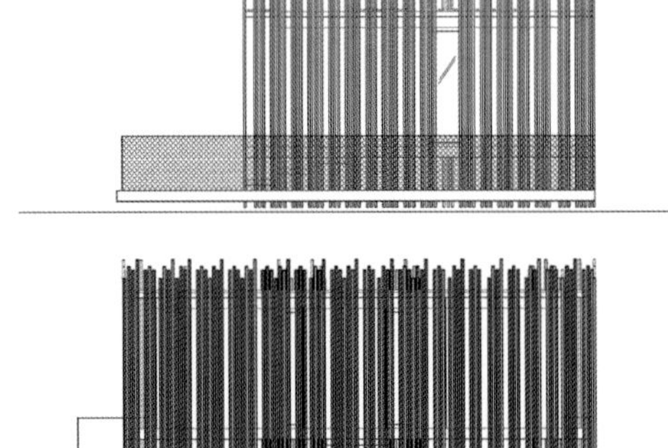

架空柱支撑的家庭木屋东北立面图

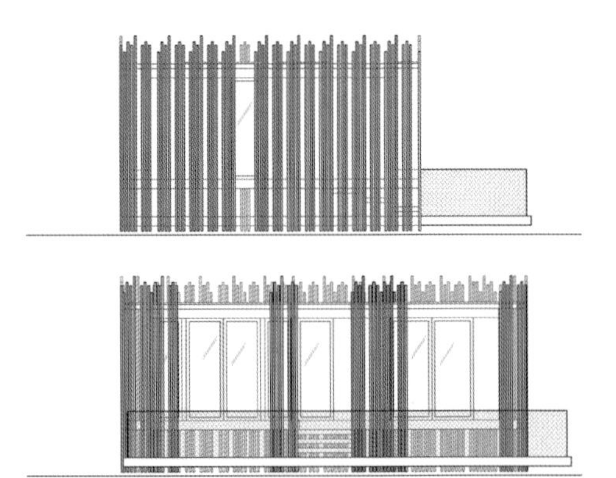

架空柱支撑的家庭木屋西南立面图

119

受自然环境的启发，强烈的建筑语言有利于将建筑融入周边环境。

120

在天窗下睡觉的感觉与在星空下睡觉差不多，却多了种休憩空间独有的舒适感。

DD26

杜伯尔多姆 26 号小屋

26 m^2

杜伯尔多姆

DublDom

⚲ 俄罗斯莫斯科市北部伏尔加河

© 杜伯尔多姆

杜伯尔多姆是一家俄罗斯设计建造公司，专门生产预制模块化房屋。因为预制的缘故，所以很容易运输，一旦到了现场，就能够在一天之内组装完成。杜伯尔多姆提供 5 种不同配置和尺寸的系列产品，面积均在 26 ～ 130 m^2 之间。杜伯尔多姆 26 号小屋是其中最小的房子。尽管尺寸很小，但这种紧凑型房屋同样具有比它大的同类房屋的特色：三层玻璃、木质门窗、木质墙面、集成布线和管道，以及拥有水暖和地暖的卫生间。杜伯尔多姆 26 号小屋还配备了可以连接当地电力和供水系统的特殊设施。

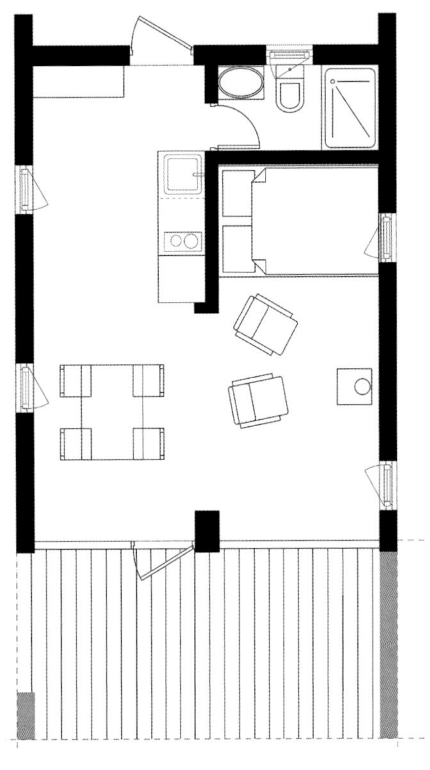

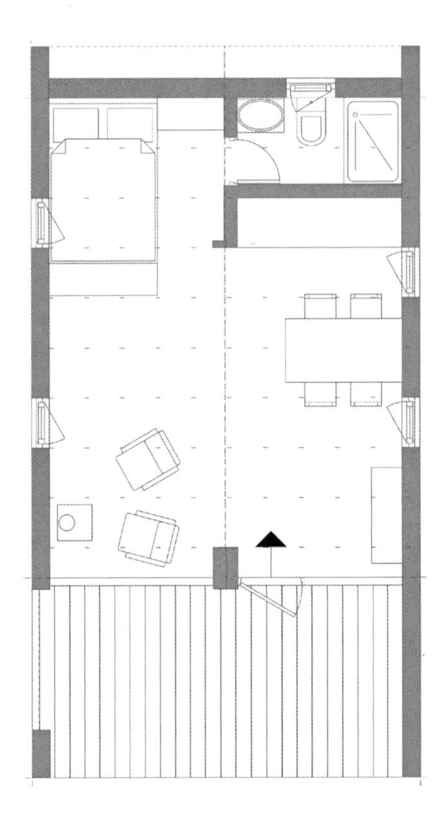

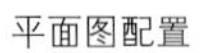

平面图配置

121

开放式平面布局能让人欣赏到宽阔无阻的河道景色，给人一种开阔的感觉。

122

杜伯尔多姆在技术开发的各个阶段都节省了资源，并缩短了施工时间，最终造出了对环境影响最小的节能、环保建筑。

123

这座杜伯尔多姆小房子非常适合度假，它拥有森林小木屋里的暖木色内墙。

124

像船一样漂浮在水上会给人一种自由的感觉，这是其他任何类型的空间都无法体验到的。

船屋使用暖木色来平衡水生环境，提供了朴实的元素。

02-51 ЛЗ
SUZUKI
YAMAHA

杜伯尔多姆按照模块化原则，生产了一系列木结构预制住宅。这种紧凑型住宅的设计特别适合于度假屋和临时住房。当面临要在偏远地区建房的挑战时，它们也提供了巨大的好处和机会。最新的紧凑型住宅是这套名为“杜伯尔多姆船屋”的漂浮船屋。它立在距离莫斯科以北 3 小时车程的伏尔加河上的浮桥上，是帕鲁巴酒店的宾客套房。由于船屋和浮桥系统都是组装的，因此人们可以造出更大的屋子。

DublDom Houseboat

杜伯尔多姆船屋

26 m^2

杜伯尔多姆

DublDom

⦿ 俄罗斯莫斯科市北部伏尔加河

© 杜伯尔多姆

02-51 ЛЗ

为了保持稳定，船屋被牢牢地系在河边，便于人们从陆地进入。

125

与其他杜伯尔多姆建筑一样，漂浮在水上的船屋也能隔热和布线。水电等供应设施可以从岸上连接过来，或者自给自足。

杜伯尔多姆船屋还有一个建在岸上的屋型，其设计和平面图与漂浮在水上的船屋相同。每套船屋都有开放式客厅，面朝门廊方向有一面全玻璃墙。为了保护隐私，卧室和卫生间位于这个紧凑型住宅的后方。

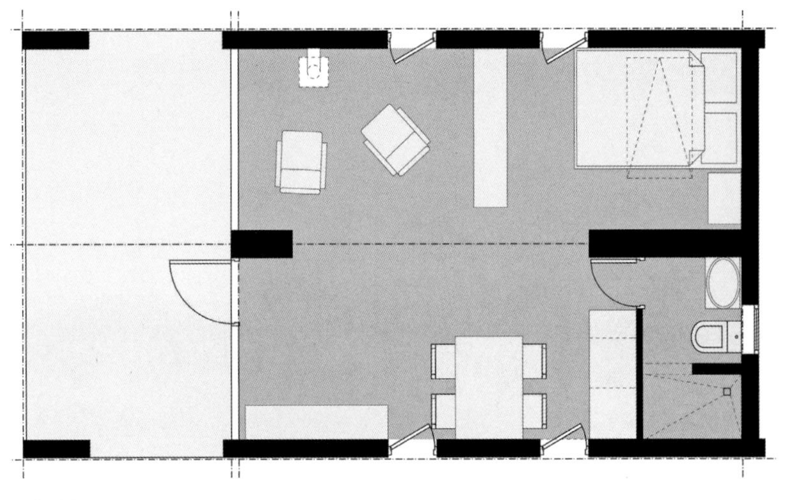

平面图

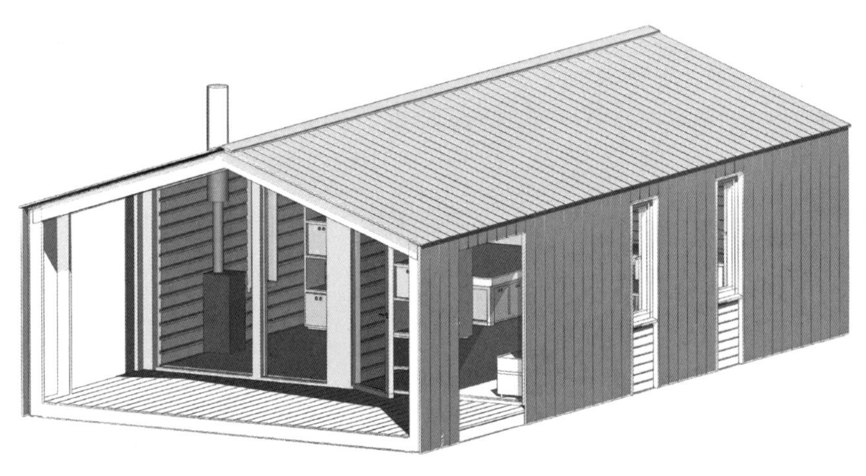

轴测图

杜伯尔多姆船屋四面都有窗户，拥有充足的自然光，营造了温馨的氛围。简约的家具和宽敞的储物间使空间得到最大限度的利用。

126

即使是最小的分区也能观察到周围的自然环境。

ALCHEMY
WEEHOUSE
WEDGE
UMCOLLEGEDESIGN
SUPERCUBES

2016—2018 年，莱特酒店作为可持续发展和生态旅游的指路明灯而存在，其中一个亮点是在明尼苏达州博览会上提供的生态体验，这是明尼苏达州污染控制局的首要推广良机。它的可持续设计元素包括可循环利用的运输集装箱外壳、可利用太阳能资源、污水处理系统，以及在整个双子城移动时只留下较少的痕迹。莱特酒店由炼金建筑事务所和明尼苏达大学建筑系的学生团队建造，是一个艺术建筑项目，展示了“小而美”与“大而全”之间的交融。

LightHotel

莱特酒店

11 m^2

炼金建筑事务所

Alchemy Architects

📍 美国明尼苏达州明尼阿波利斯－圣保罗

© 炼金建筑事务所

根据“炼金”的创始人杰弗里·沃纳的说法，“莱特酒店一直努力倡导并创造高效的新生活模式”。迄今为止，莱特酒店已在“可持续设计艺术活动（Art of Sustainable Design）”期间的明尼阿波利斯艺术学院（Minneapolis Institute of Art）、北方星火艺术节（Northern Spark）、欧克莱尔艺术音乐节（Eaux Claires Art and Music Festival）及卡尔顿艺术阁楼展（Carleton Artist Lofts）展出。

127

莱特酒店是为了人们能在明尼苏达州全年使用而建造的，具有喷雾泡沫绝缘材料、三层窗户、太阳能暖通空调、LED照明和水力地暖等特点。储存在大床底下的250加仑水箱、随开随用热水器、带淋浴和马桶的淋浴间能让住户的身心保持快乐，营造了清新的氛围。防护式前廊友好地欢迎着客人！

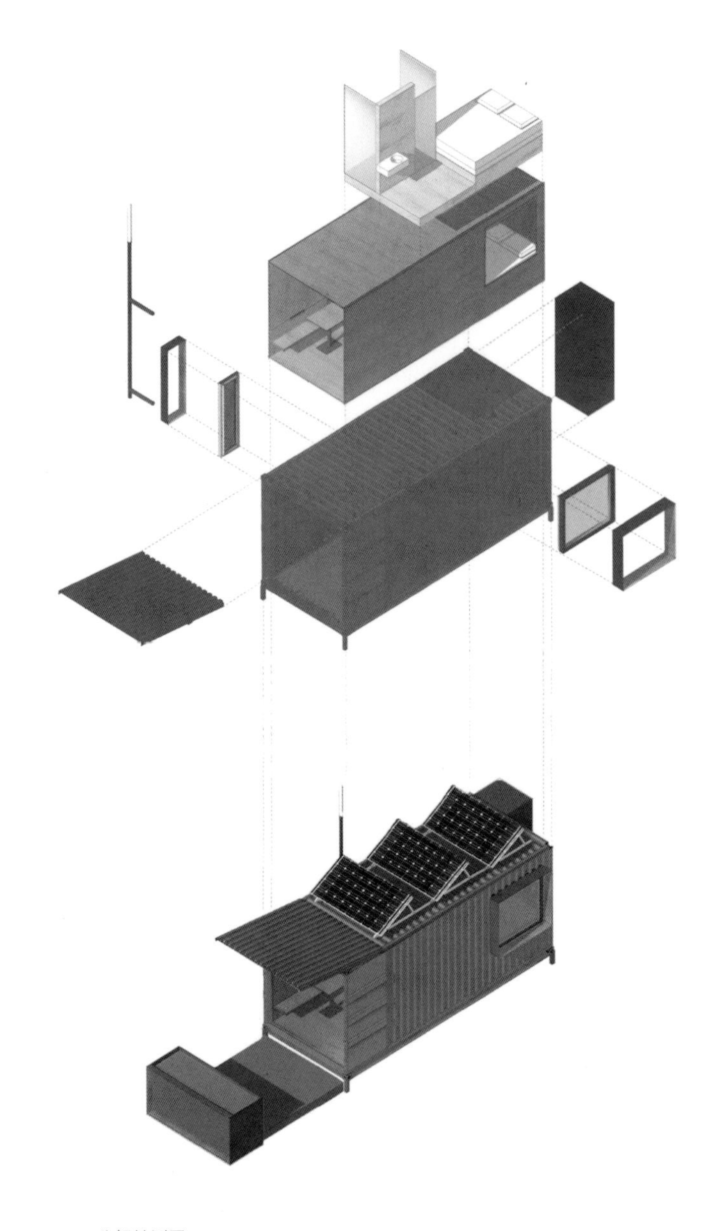

分解轴测图

集装箱

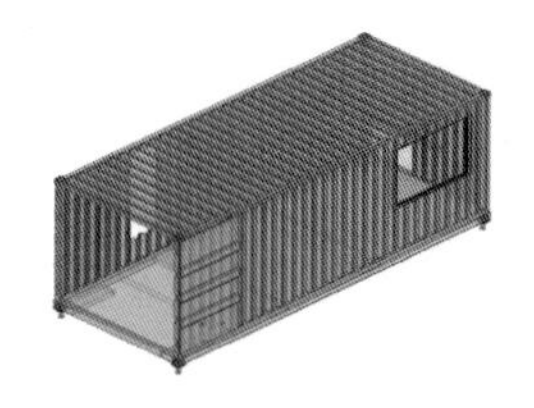

回收的集装箱与能让光透入室内、能看见室内外和出入的门窗

保暖

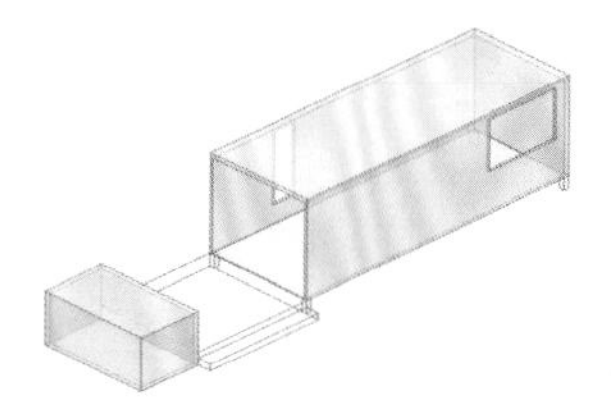

5 cm 厚保暖系统箱、10 cm 厚喷雾泡沫地板、2 cm 厚附加地板、5 cm 厚墙壁、10 cm 厚天花板、三层玻璃门窗

电力

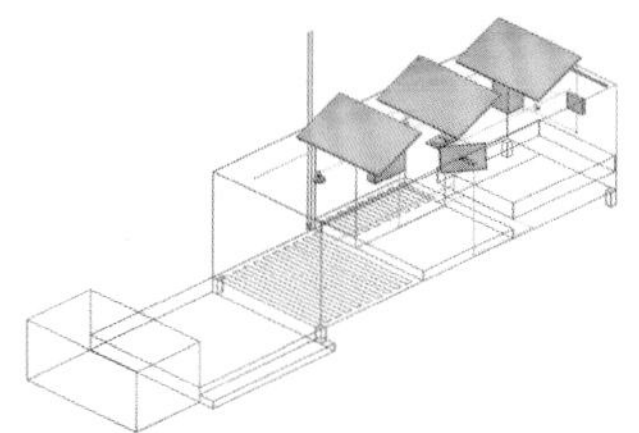

保暖地板、光伏阵列、灯标、照明、电视、路由器 / 调制解调器、光伏转换器、电箱、城市连接线

水力

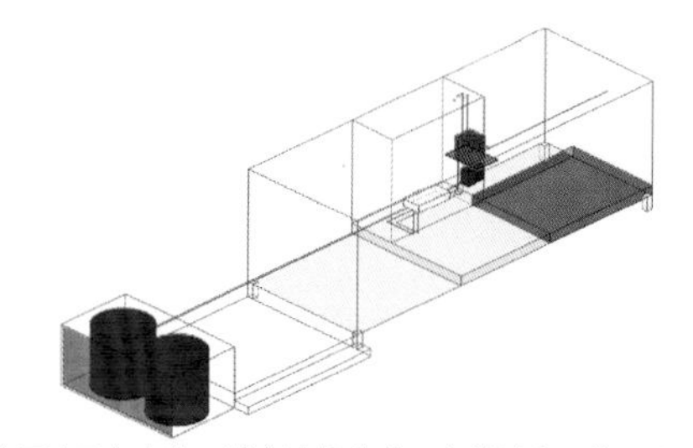

水泵 / 压力水箱、城市连接管道、水槽储水、淋浴头、泵 / 压力水箱、热水器

垃圾

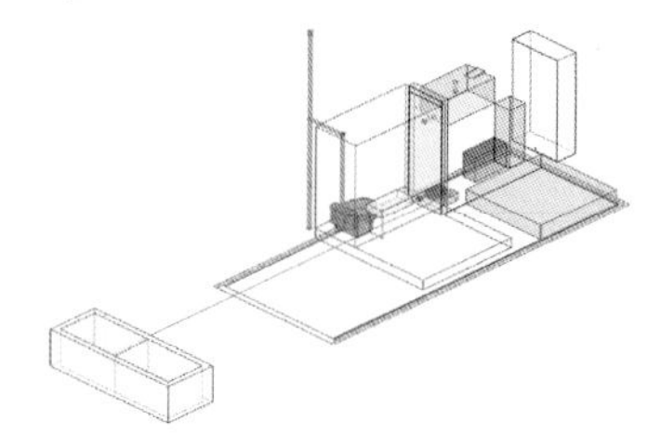

厕所、风力风扇、排水口、泵 / 压力水箱、生物滤池、液体废物储存器、储水罐

外壳

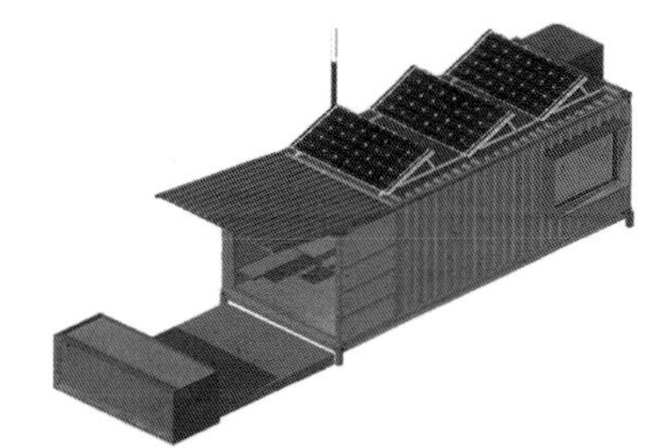

集装箱、前廊、金箔窗框、三层玻璃窗

智能控制面板

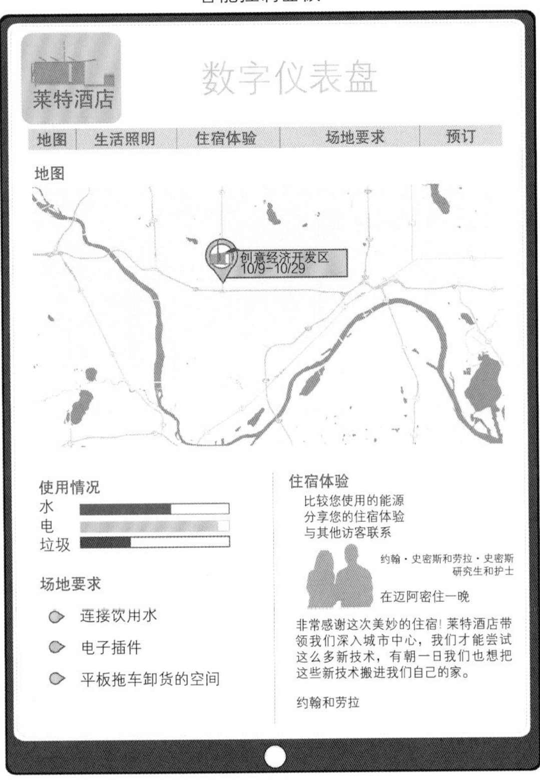

智能控制

128

莱特酒店激发了社区对可持续设计的认识，并围绕“更轻便”的生活引发了较大的讨论。莱特酒店的客人可以通过接入在线公共数字仪表盘（Dashboard）来自学环境保护和生态旅游，该仪表盘会显示客人的水电使用情况和住宿体验。

DON
OTD
IST
URB

129

个性化的莱特酒店为未来建筑设计带来可持续的潜力。它既高效又舒适，同时充分利用了回收的2m×6m运输集装箱内的有限空间。

130

有趣的图案为木质内墙增添了俏皮感，给人一种平静而奢华的感觉。

业主马特·怀特和他的“回收往事”团队创造了一个令人惊叹的住宿新概念，这一概念源于纯粹的旅行爱好、循环利用的回收责任感及持续不断的创作需求。马特用在全球各地旅行时回收的文物装饰每一间“豪泽房间（Houze）”，它们的装饰风格独一无二。每一间都很特别，体现了创造性的设计特色。他设计弗洛普豪泽酒店，是为了享受生活，远离都市尘嚣。

Flophouze Hotel

弗洛普豪泽酒店

28 m^2

回收往事

Recycling the Past

⚲ 美国德克萨斯州朗德托普市

© 泰勒·普林森和弗洛普豪泽酒店

"K" LINE

#STAYAWESOME

131

由于耐用性、适应性、低成本，易于堆叠，钢制运输集装箱引领了回收再利用的趋势，人们可以借此建造小户型房屋和酒店房间等其他类型的可居住空间。

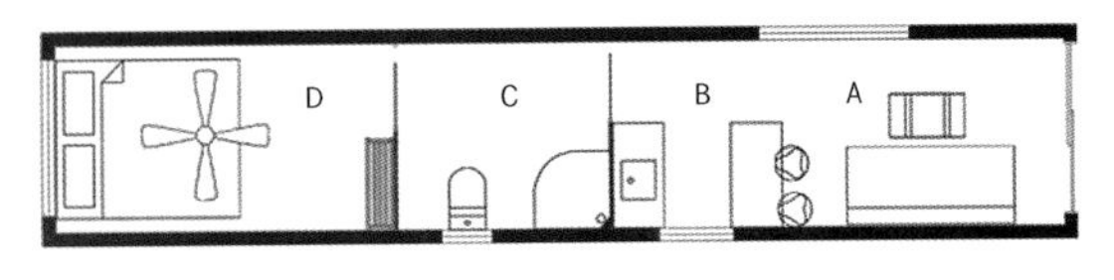

房间一

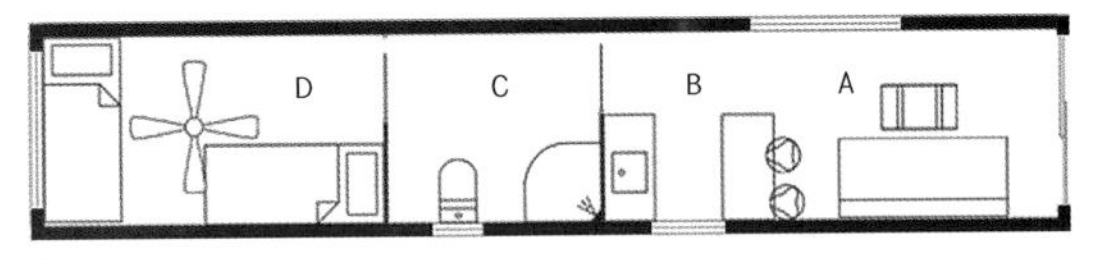

房间二

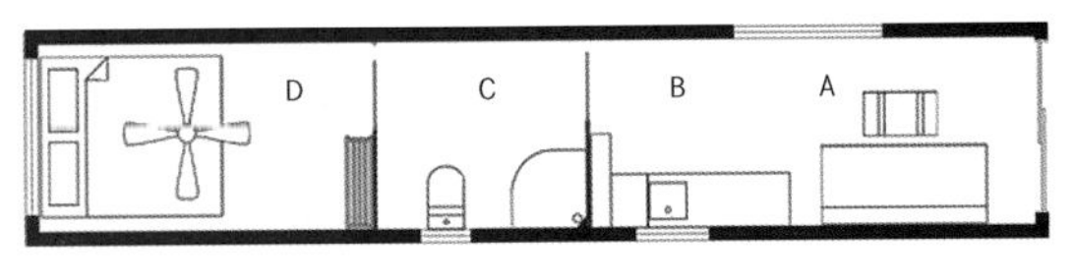

房间三

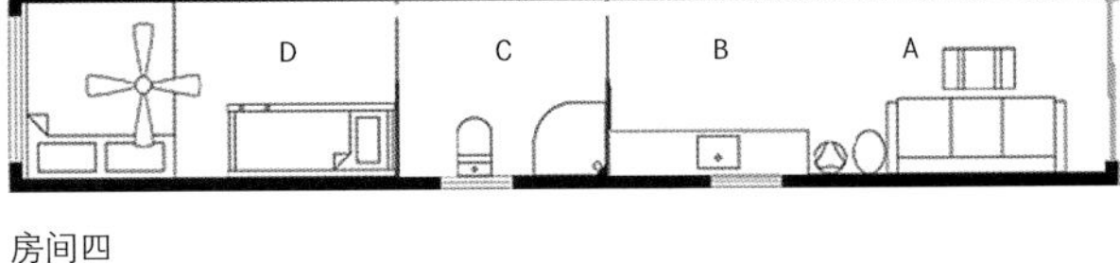

房间四

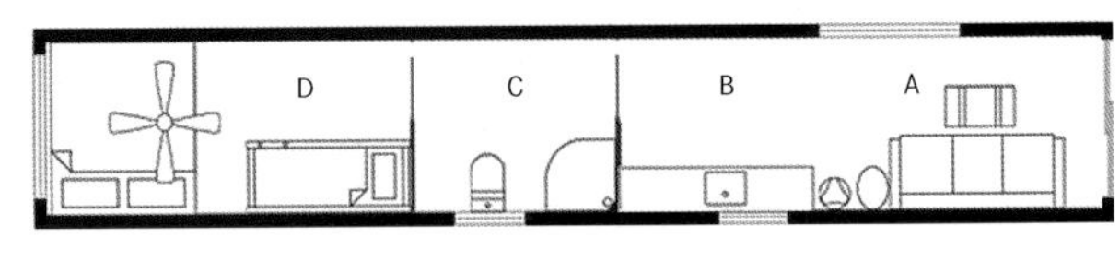

房间五

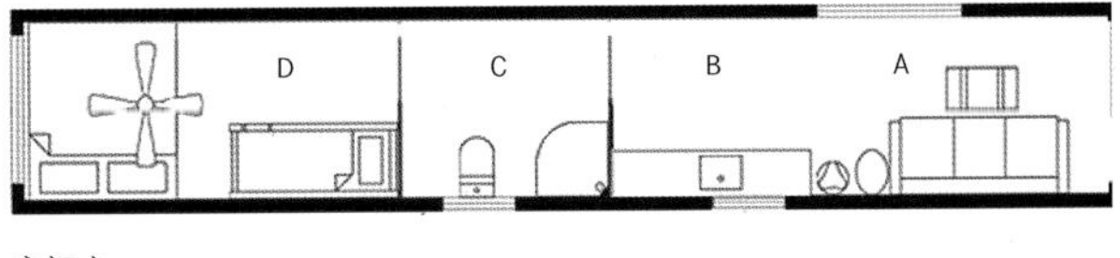

房间六

A. 客厅　　C. 卫生间
B. 厨房　　D. 卧室

132

运输集装箱的简单箱形提供了令人惊叹的设计可能性，通过组合两个或更多的集装箱便能进行无限种组合搭配。

WELCOME

NARROW
BRIDGE

133

钢制运输集装箱的内部可以用更柔软的材料做装饰，营造出一种宜人的氛围。内部使用木材等回收装饰强化了可持续发展的理念。

ROAD
CL SED

134

粉刷成白色的木墙和天花板带给人们一种慵懒舒适的感觉。这种墙面风格在卧室里的效果特别好，营造了舒缓的氛围。

135

运输集装箱内的天花板高度与一般住宅空间的天花板高度差不多，这允许设计师使用常规的建筑材料和家具。

136

常规的水管装置很容易就能安装上。一旦施工完毕并配备好家具，从运输集装箱的内部几乎看不出以前的用途。

创建 CABN 的目的是帮助人们从自己带来的疯狂中脱离出来。阿拉贝拉小屋尽量使用当地材料手工制作而成，是可持续的、对生态友好的、易于安装的小屋。这些都是这间小木屋的卖点，主要吸引那些赞同 CABN 的“生活但不留脚印”理念的人。堆肥厕所、雨水收集器和太阳能发电，使这个小房子的水电供应能够百分之百自给自足。这间小木屋是作为第二居所、工作室、迷你隐居处、度假屋或家庭旅馆的完美选择。

Arabella CABN

阿拉贝拉 CABN

15 m^2

CABN

⚲ 澳大利亚新南威尔士州袋鼠谷

© 新风格媒体

137

这是一间可持续的、对生态友好的小房子，坐落在澳大利亚最令人惊叹和刺激的风景之中，提供了理想的完全能自给自足的避世之地。

138

小屋的开放性因大面积的门窗而得到加强，这些大门窗让人在室内也能欣赏到郊野景色。

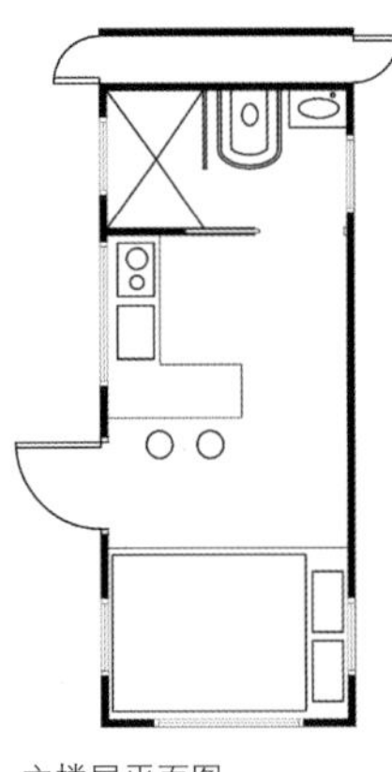

主楼层平面图

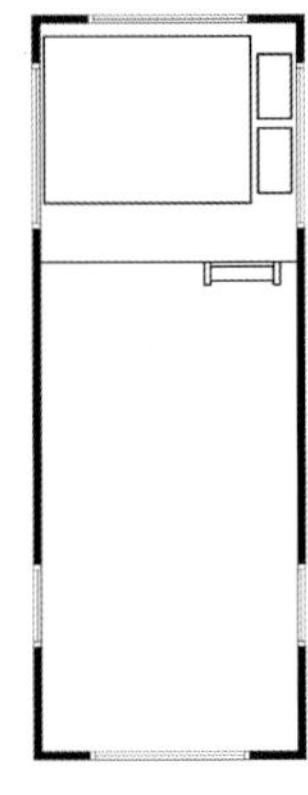

卧室阁楼平面图

科妮莉亚小屋是为儿童读物作家科妮莉亚·芬克（Cornelia Funke）设计的家庭旅馆、写作室和书房，与另一栋建筑一起坐落于橡树林之中，是和平、宁静的隐居之处。屋子所用的材料充满了个性，同时也非常坚固。随着时间的推移，这些材料将呈现出不断变化的色调和纹理光泽，逐渐与周围的自然环境融合。该小屋并不适合长期居住，但即使在很短的时间之内，也能提供一种令人放心的和谐感，实现与大自然的联系，这种感觉只有人性化的比例设计与周围环境亲密联结才会产生。

Cornelia Tiny House

科妮莉亚小屋

23 m²

新边疆微型住房

New Frontier Tiny Homes

美国加利福尼亚州马里布市

© 奥布艾尔工作室摄影社

科妮莉亚小屋是根据简单的平面图设计而成，包括一间写作室，一间有 270° 视野的特大号卧室，一间客厅，一间小厨房和一间半卫生间。这套活动房屋有 7 m 长、3 m 宽，虽然不是为长期居住而设计的，但不管是否接入外部水电，它都能居住。

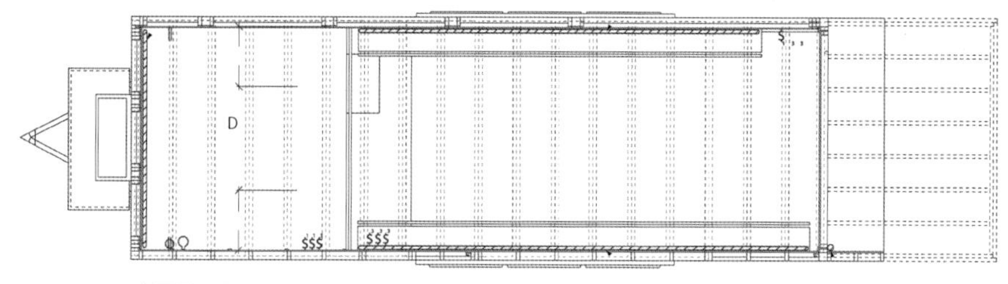

上层平面图

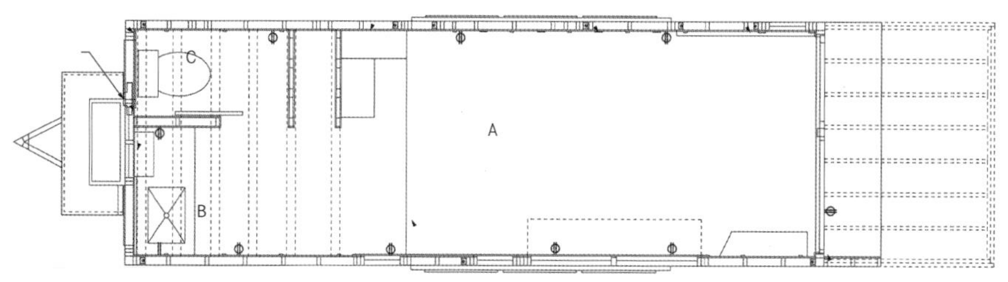

下层平面图

A. 大房间 / 写作室
B. 厨房
C. 抽水马桶
D. 阁楼

139

小屋的设计通常优先考虑在减少占地面积的情况下优化可用空间，同时鼓励住户使用户外空间。

科妮莉亚小屋只使用最高质量的材料和工艺，以“新边疆”公司的方案建造，融入了美丽的粗木墙面。波纹铁皮外壳、枫木壁板上的定制木质污渍，以及回收硬木地板，将小屋融入自然环境之中。

140

活动房屋墙边的内置书桌可以折叠起来，为有限的建筑面积增加额外的空间。简约的家具提供了最基本的日常所需。

141

阁楼床周围的窗户使得狭小的空间感觉不那么局促，且更加舒适，同时给人一种睡在户外、但又受到保护的舒适感和惬意感。

定制的雪松木书架被设计成用来放置作者的藏书。活动房屋的四面都有玻璃门窗，这样就能得到更多的自然光。夹层窗户给人的印象使天花板看上去比实际的要高。

142

即使是小厨房也可以有独特的风格，为设计师提供了将创新型设计应用于小尺寸空间的机会。

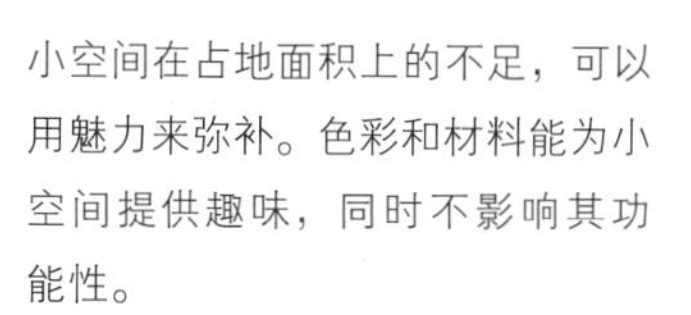

143

小空间在占地面积上的不足，可以用魅力来弥补。色彩和材料能为小空间提供趣味，同时不影响其功能性。

房主希望用居住单元房来取代他们房产上已有的单车位车库，为已退休的父母提供永久性居所。因此，克恩斯微型屋被设计成附属住宅单元，既符合波特兰市严格的设计标准，也为该地区逐渐增加的人口密度问题提供了应对方案。克恩斯微型屋还被认为是周围自然环境中可居住的一部分，增添了建筑物的建筑特色。

Kerns Micro-House

克恩斯微型屋

23 m^2

实地考察设计建筑事务所

Fieldwork Design & Architecture

⚲ 美国俄勒冈州波特兰市

© 丹娜·克莱恩，波拉拉

144

外墙由当地的杉木板和杉木条结合搭建起来，是在“实地考察”店里制作的原型，并按家具的比例进行了详细的设计。简约的室内装修包括定制的俄勒冈州白橡木家具和橱柜，这些家具辅以充足的自然采光，颜色能得到提亮。

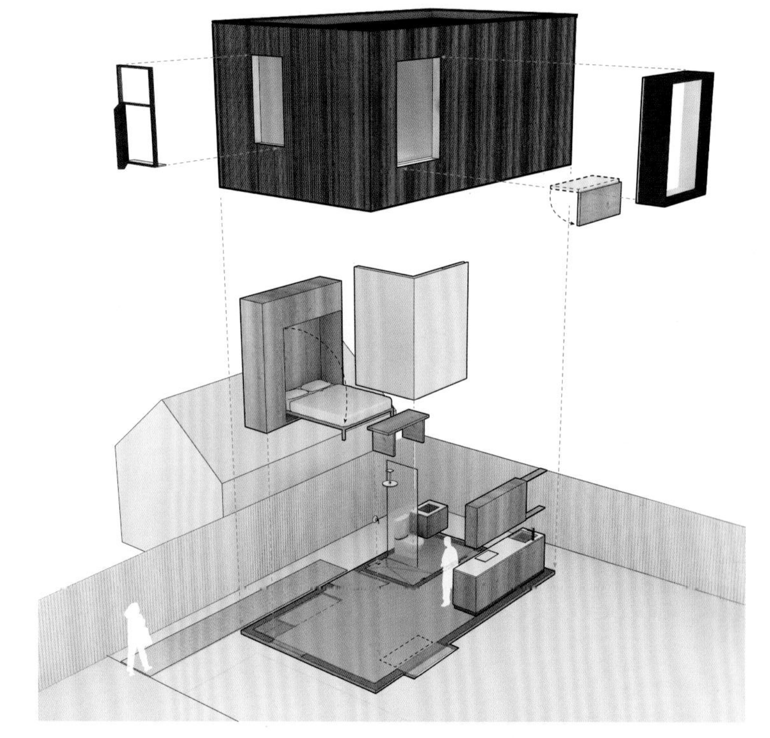

分解轴测图

概念图

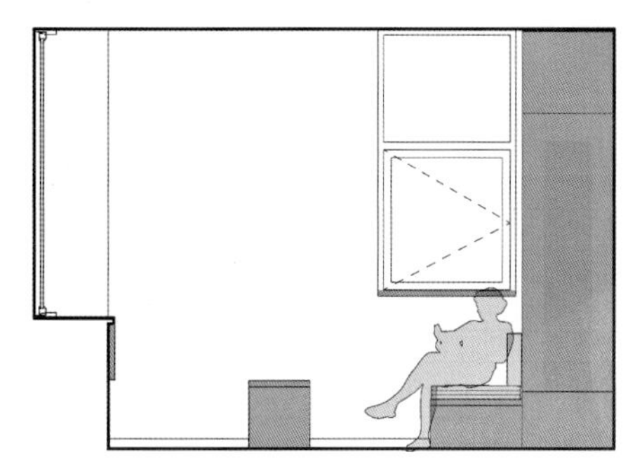

长沙发和咖啡桌

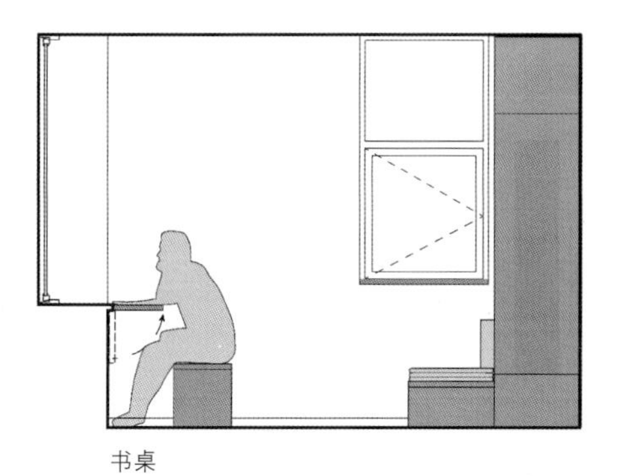

书桌

墨菲床

平面图

A. 客厅和卧室
B. 厨房
C. 卫生间

145

创新的设计方案包括一个延伸后可作床头柜的抽屉、可作折叠式窗边长凳的咖啡桌和墨菲床/储物柜组合。定制家具的设计和建造具有适应性和灵活性，能最大限度地利用空间。

146

简约的室内设计注重所用材料的色彩、触感和装饰特点。

LOVE
BE.

Plús Hús

普鲁斯小屋

30 m^2

米纳克

Minarc

⚲ 美国加利福尼亚州圣塔莫尼卡市

© 艺术灰色摄影社

"普鲁斯（Plús）"在冰岛语里意为"增加的"，是创新型附属住宅单元，由世界知名的环保建筑设计公司米纳克设计。普鲁斯小屋针对洛杉矶法律的修改做出了调整，让安装在独栋别墅后院的附属住宅单元拥有更多的使用选择。它为个人房产增加了更具吸引力的私人空间，不仅比原先选择的附属住宅单元更经济实惠，对环境也更负责，而且非常简单好用。这是一个5 m×6 m的可定制结构，将米纳克的极简北欧风格美学与节能的"极小修改"面板系统相结合。普鲁斯小屋可以作为家庭旅馆、家庭办公室、艺术工作室或低成本维护的民宿租赁。

147

普鲁斯小屋有三种型号："普鲁斯开放式房屋"，有三面墙和一扇推拉玻璃门；"普鲁斯开放式房屋 +"，多了一个卫生间；"普鲁斯小屋全套"，除了增加一个卫生间，后墙还有一间厨房。

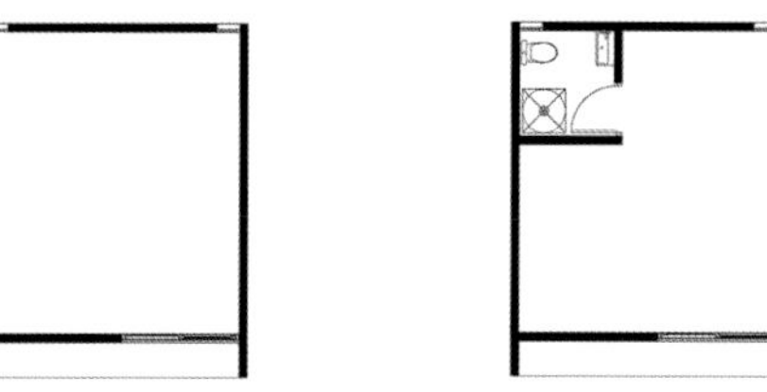

"普鲁斯开放式房屋"平面图

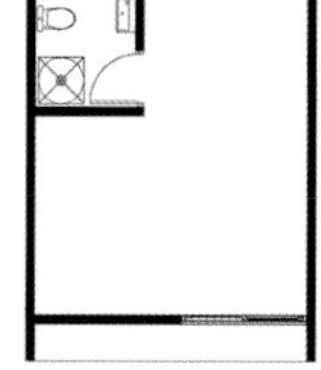

"普鲁斯开放式房屋 +"平面图

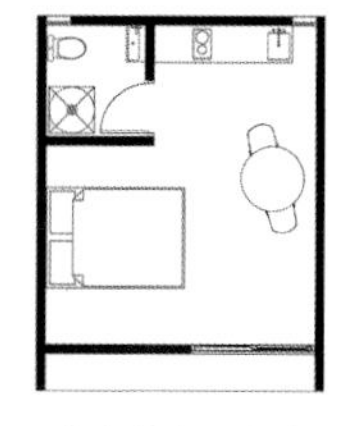

"普鲁斯小屋全套"平面图

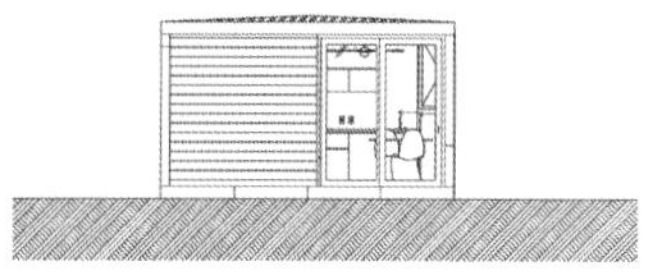

正立面图

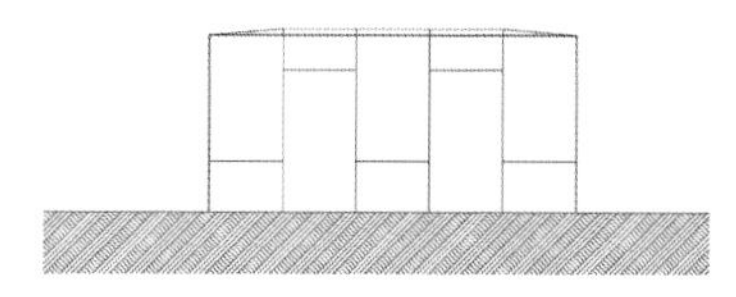

侧立面图

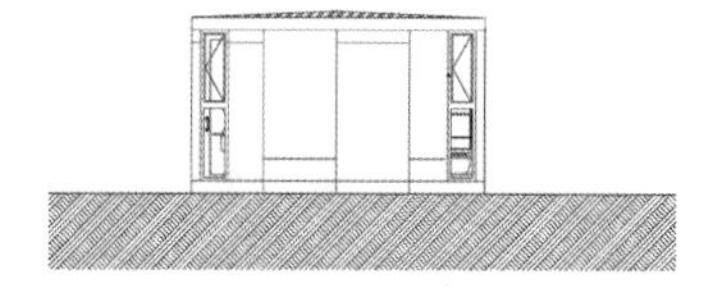

背立面图

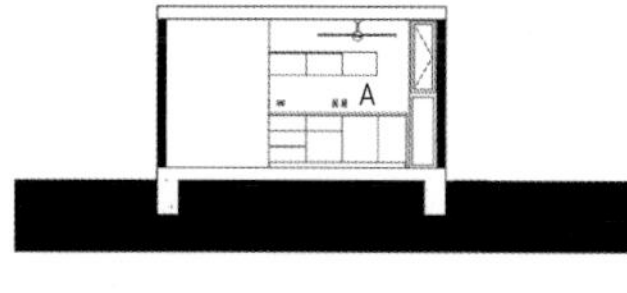

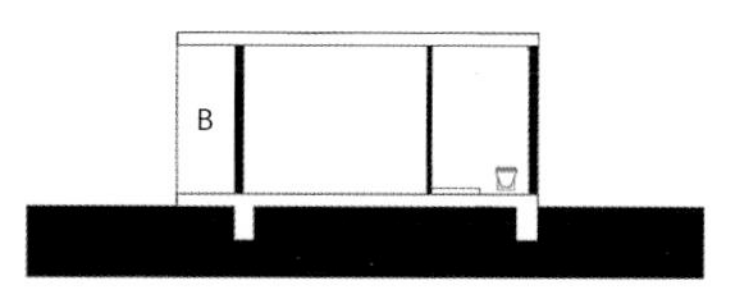

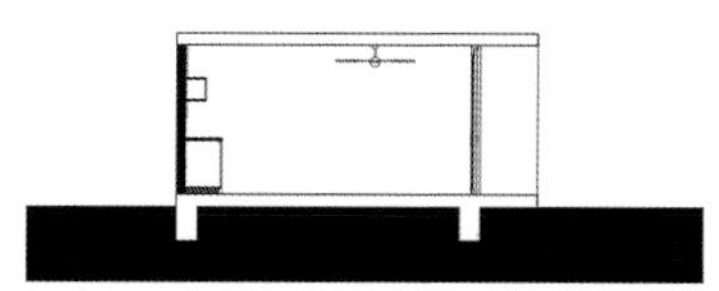

剖面图

A. 厨房
B. 带顶门廊
C. 卫生间

PRE
FAB

148

所有墙壁使用相同的饰面材料，创造了一种连续性质感，为空间带来宁静感和舒适感。

Lake Harriet Loft

哈里特湖阁楼

35 m^2

克里斯多夫 · 斯特罗姆建筑事务所

Christopher Strom Architects

美国明尼苏达州明尼阿波利斯市

© 阿莉莎 • 李摄影社

该项目的内容包括建造一间新客房，通过一个新的高架平台与现有住宅相连。新的城市分区条例允许这种附属住宅单元房建在已经包含主住宅的单户宅基地上。用地参数具有挑战性，明尼阿波利斯市规定，附属住宅要与主住宅有 6 m 的距离。但由于使用了现有外屋的地基，因此被特批可在 2 m 范围内建房。项目目标包括为来访的亲朋好友创造独立的居所，但也有可能要放到民宿网上招租，所以得具有足够的吸引力。

桥梁和其他历史遗迹的分量及规模是强有力的环境条件。这座新修建筑让人认识到与邻近环境形成互补的重要性。

该项目位于一条废弃的有轨电车线和一条著名的林荫道桥的交叉口，只要是从这里经过的人都可以看到它。

有轨电车线的残存轨道

主要的林荫道

人行通道

各路线的交会

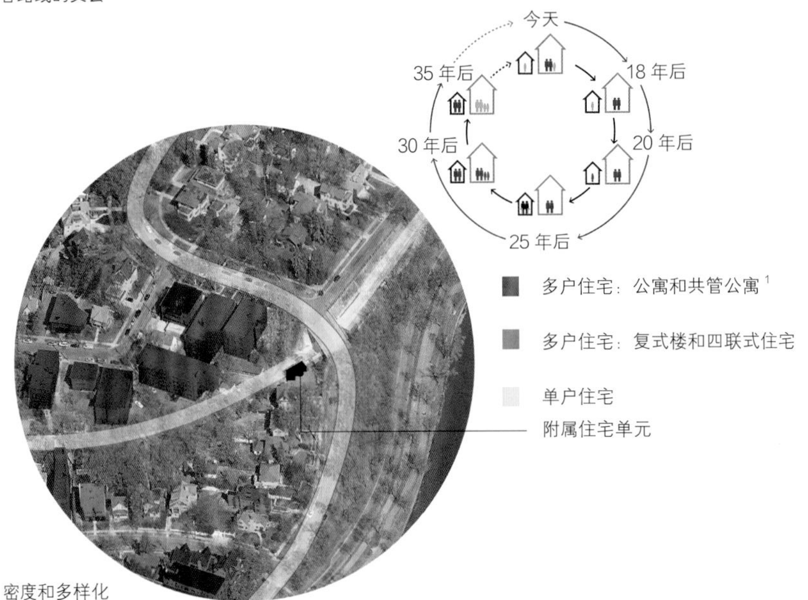

在这个地区引进附属住宅单元，为不同收入水平、住户年龄和家庭规模的居民增加了住房选择。大一点的孩子或需要特殊照顾的居民仍然可以独居在这里，离亲友所住的主要住宅也很近。需要长期居住在附近的居民，也可以住在附属住宅或租住主住宅。

密度和多样化

1 共管公寓：每户都有产权证，要交地税。拥有房屋和土地的部分产权和使用权，但必须受到管理部门的约束，并要交付一定数量的管理费。

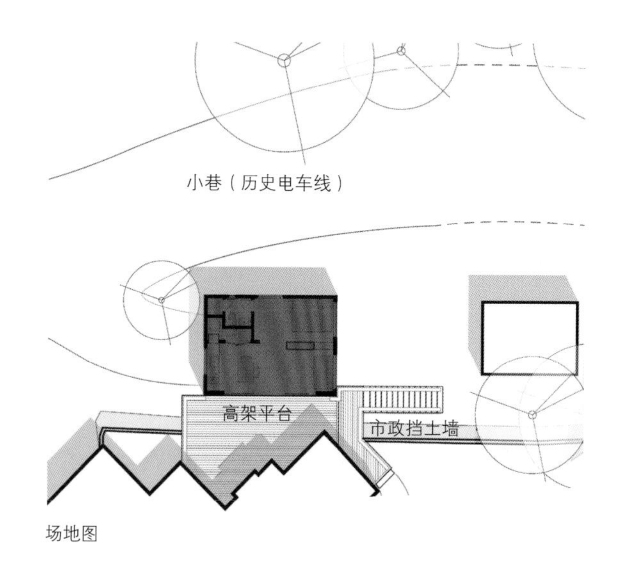

场地图

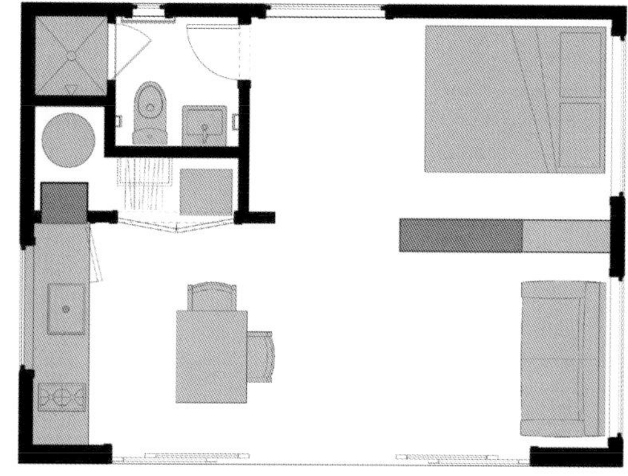
平面图

	面积	
	35 m²	计划占地面积
	154 m²	1973 年美国普通房屋面积 *
	250 m²	2015 年美国普通房屋面积 *

* 来源于人口普查局年度报告《2016 年新住房的特点》；
统计数据针对新建的单户住宅。

所有的室内空间都通过大门窗与外相连，这些门窗能把风景裱进门框或窗框里，让室内外的视线互通，还能作为出入通道。四面八方的景色使狭小的空间看起来比实际的大，这些景色包括树冠、社区街景和历史悠久的有轨电车桥。

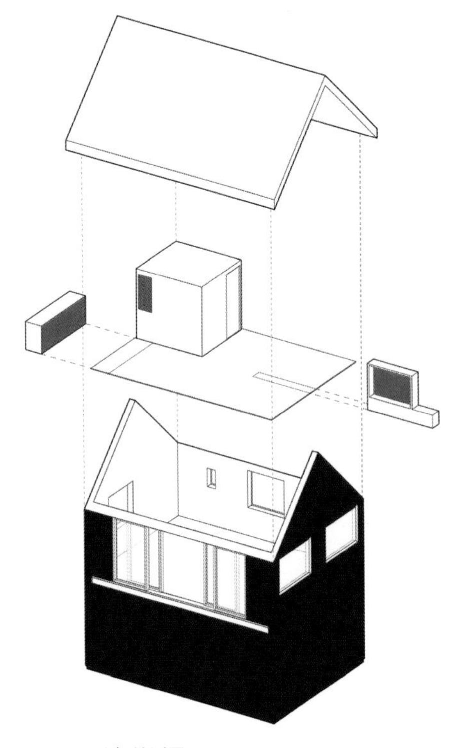

分解轴测图

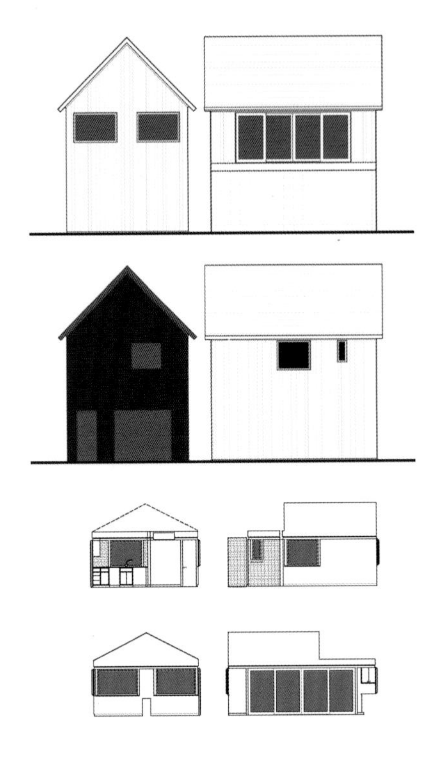

外立面图和室内立面图

高架平台横跨市政挡土墙的遗迹，将该居所与主住宅连接起来。附属住宅可以在这个能看到风景的高架平台进行户外娱乐活动，而停车场则设在楼下，与小巷相接。

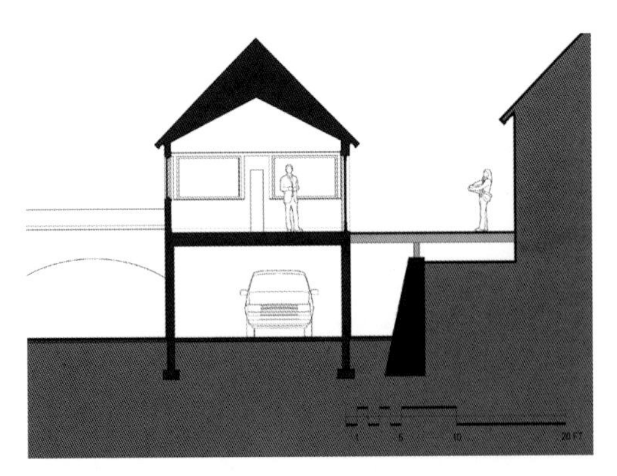

剖面图

149

新建筑的美学“精髓”是在色彩斑斓的挪威渔村的照片中发现的，与现有环境形成了互补对比。红色的垂直墙板统一了整体建筑及其标志性的垂直比例。

150

单色的墙壁、内饰和天花板增加了可感知的空间体积。内置式橱柜分隔不同的空间区域，并运用了不同的颜色来制造视觉焦点。储物柜和实用的设计原则整合了其他遮挡视野的元素。

地址簿
DIRECTORY

A

A+B 卡沙设计
法国巴黎市
www.abkasha.com

埃利・梅特尼
黎巴嫩贝鲁特市
www.eliemetni.com

B

比亚克・英厄尔斯集团
丹麦哥本哈根市
英国伦敦市
美国纽约市布鲁克林区
www.big.dk

布拉德・斯沃茨建筑事务所
澳大利亚新南威尔士州达令赫斯特市
www.bradswartz.com.au

C

CABN
澳大利亚南澳大利亚州阿德莱德市
www.cabn.life

蔡式设计
澳大利亚维多利亚州里士满区
www.tsaidesign.com.au

Casa 100
巴西圣保罗市
www.casa100.com.br

D

Daaa 工作室
法国巴黎市
www.atelierdaaa.com

杜伯尔多姆
俄罗斯莫斯科市
www.dubldom.com/en

F

菲比・赛斯沃建筑事务所
中国
www.phoebesayswow.com

疯子建筑事务所
法国巴黎市
www.freaksarchitecture.com

G

格雷厄姆・希尔 / 编辑生活
美国纽约州纽约市
www.lifeedited.com

H

黑色与牛奶
英国伦敦市
www.blackandmilk.co.uk

回收往事
美国新泽西州巴尼加特市
www.recyclingthepast.com

J

建筑工房
美国纽约市布鲁克林区
法国巴黎市
www.aw-pc.com

K

柯多设计
英国比迪福德
www.kotodesign.co.uk

克里斯多夫・斯特罗姆建筑事务所
美国明尼苏达州圣路易斯帕克市
www.christopherstrom.com

科罗拉多大学丹佛分校的
科罗拉多建筑工作室
美国科罗拉多州丹佛市
www.coloradobuildingworkshop.
cudenvercap.org

L

拉维工作室
法国巴黎市
www.atelier-lavit.com

雷纳托・阿里戈
意大利墨西拿市
www.renatoarrigo.com

理查森建筑事务所
美国加利福尼亚州米尔谷
www.richardsonarchitects.com

炼金建筑事务所
美国明尼苏达州圣保罗市
www.weehouse.com

LLABB
意大利热那亚市
www.llabb.eu

鲁珀特·麦凯尔维
英国埃克塞特市
www.rupertmckelvie.com

伦德·哈格姆
挪威奥斯陆市
www.lundhagem.no

洛雷娜·特龙科索－巴伦西亚
智利康塞普西翁市
www.lorenatroncoso.cl

M

马奎尔 + 迪瓦恩建筑事务所
澳大利亚塔斯马尼亚州霍巴特市
www.maguiredevine.com.au

迈克尔·K·陈建筑事务所 /MKCA
美国纽约州纽约市
www.mkca.com

猫眼湾
澳大利亚新南威尔士州萨里山
www.catseyebay.com

米纳克
美国加利福尼亚州圣塔莫尼卡市
www.minarc.com

N

nARCHITECTS
美国纽约市布鲁克林区
www.narchitects.com

尼奥基 + 丹尼希建筑事务所
意大利米兰市
www.themountainrefuge.com

逆转建筑事务所
美国马萨诸塞州萨默维尔市
www.reversearchitecture.com

P

普兰纳尔
意大利米兰市
www.planairstudio.com

普利纳斯工作室
澳大利亚新南威尔士州悉尼市瑞西卡特湾
www.architectprineas.com.au

S

实地考察设计建筑事务所
美国俄勒冈州波特兰市
www.fieldworkdesign.net

T

泰勒建筑事务所
美国纽约州克莱顿市
www.tayloredarch.com

W

威尔达工作室
法国瓦讷市
www.wilda.fr

X

希蒙·洪察尔
波兰弗罗茨瓦夫市
www.hanczar.com

小设计
中国
www.facebook.com/Design.A.Little/

新边疆微型住房
美国田纳西州纳什维尔市
www.newfrontiertinyhomes.com

Y

扬·泰尔佩克
捷克布拉格市
www.tyrpekl.wixsite.com/portfolio

YCL 工作室
立陶宛维尔纽斯市
www.ycl.lt

犹他大学的建筑设计造势项目组
美国犹他州盐湖城
www.designbuildbluff.org

Z

椎体建筑事务所
美国加利福尼亚州洛杉矶市
www.vertebraela.com

走出山谷
英国埃克塞特市
www.outofthevalley.co.uk